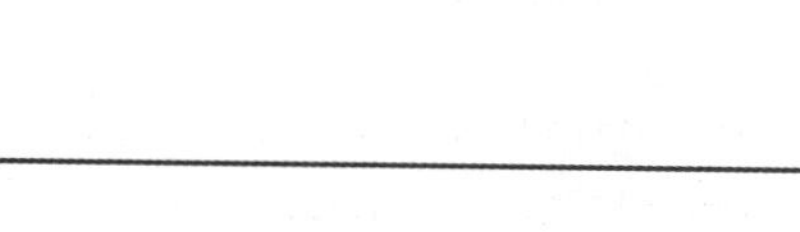

写给青少年的人工智能

Python版 微课视频版

◎ 陈 璟　王 萌　梁 婷　编著

清華大學出版社

北京

内容简介

本书以通俗易懂的方式介绍人工智能的基础知识及其应用，采用案例的形式讲解，方便读者轻松阅读。

全书共5章，首先介绍人工智能的基础知识，然后从文本、图像、语音三方面介绍自然语言处理、图像处理、语音识别等人工智能研究领域，最后通过实战案例让读者全面了解人工智能的应用。

本书适合有志于了解人工智能基础知识及应用的初、高中学生，也可以作为人工智能初学爱好者的学习资料。

图书在版编目(CIP)数据

写给青少年的人工智能：Python版：微课视频版/陈璟，王萌，梁婷编著. —北京：清华大学出版社，2023.4

ISBN 978-7-302-62681-7

Ⅰ. ①写… Ⅱ. ①陈… ②王… ③梁… Ⅲ. ①软件工具－程序设计－青少年读物 Ⅳ. ①TP311.561-49

中国国家版本馆CIP数据核字(2023)第025963号

责任编辑：黄 芝 李 燕
封面设计：刘 键
责任校对：焦丽丽
责任印制：朱雨萌

出版发行：清华大学出版社
网 址：http://www.tup.com.cn，http://www.wqbook.com
地 址：北京清华大学学研大厦A座 **邮 编**：100084
社 总 机：010-83470000 **邮 购**：010-62786544
投稿与读者服务：010-62776969，c-service@tup.tsinghua.edu.cn
质量反馈：010-62772015，zhiliang@tup.tsinghua.edu.cn
课件下载：http://www.tup.com.cn，010-83470236
印 装 者：三河市龙大印装有限公司
经 销：全国新华书店
开 本：203mm×260mm **印 张**：9 **字 数**：153千字
版 次：2023年4月第1版 **印 次**：2023年4月第1次印刷
印 数：1～2000
定 价：69.80元

产品编号：092343-01

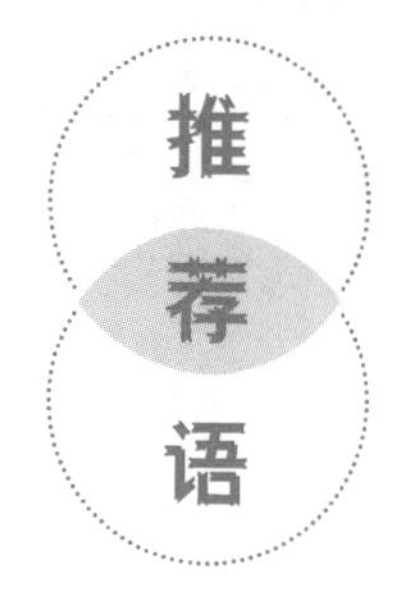

随着互联网、大数据、机器智能的飞速发展，人类社会已进入智能化时代，人工智能无疑是21世纪非常具有变革性的力量之一，在中小学开展人工智能教育是面向未来的重要举措。《写给青少年的人工智能(Python版)(微课视频版)》呼应了时代的要求，用通俗易懂的语言告诉青少年人工智能是什么，人工智能能做什么，人工智能的基本原理是什么，并通过生活案例使青少年对深奥复杂的人工智能有清晰正确的认识，理解人工智能的算法和应用场景，从而激发青少年学习人工智能的兴趣。该书作为面向青少年的入门读物不仅具有教育意义，更具有社会价值，本人予以推荐。

——陈明选，江南大学人文学院教授，教育部教育技术学教学指导委员会副主任委员

人工智能是一门发展迅速的新兴学科，《写给青少年的人工智能(Python版)(微课视频版)》围绕“让机器读懂语言”“让机器认识图片”“让机器听懂声音”等人工智能领域的核心问题，并结合多个案例的讲解，帮助青少年更好地学习、理解和应用人工智能技术。内容由浅入深，语言通俗易懂，是一本非常适合青少年学习人工智能相关知识的读本。

——尚荣华，西安电子科技大学华山学者特聘教授、博士生导师

人工智能给我们的生活方式和社会的生产方式带来了翻天覆地的影响,引起了社会各界的广泛关注。这本《写给青少年的人工智能(Python版)(微课视频版)》,浅显易懂,娓娓道来,相信一定会为青少年朋友学习人工智能的基础知识和应用场景带来极大帮助!

——张文强,复旦大学计算机科学技术学院研究员、博士生导师,复旦大学智能机器人研究院副院长,上海市智能信息处理重点实验室副主任

随着智能时代的到来,许多中小学开设了人工智能的相关课程。作为一名一线中学信息技术教师,我们需要为学生选择一本合适的教材。《写给青少年的人工智能(Python版)(微课视频版)》是一本很好的教材,它用直观、通俗的文字和生动、鲜活的案例讲解人工智能是如何实现听、说、看等功能,让学生对人工智能的认识和理解更加深入。

——张宏芳,无锡市立人高级中学信息技术高级教师,区学科带头人

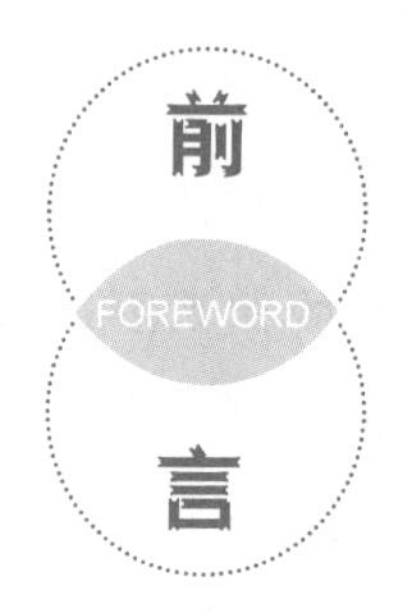

人工智能是一门发展迅速的新兴学科，本书用通俗易懂的语言让读者对人工智能有清晰、正确的认识，并结合每个章节的案例帮助读者进一步理解人工智能算法，从而激发更多的兴趣、更深的探索。

本书帮助读者了解人工智能的发展过程与基础知识，熟悉人工智能产业的发展现状与市场需求，从而使读者对人工智能领域有初步的了解。本书共5章。第1章介绍人工智能的基本概念和相关知识，如图灵测试、专家系统、机器学习、深度学习等，并介绍人工智能平台Python编程环境的搭建，在引导读者思考"人工智能究竟是什么"的同时，也为后续的实践打下基础。第2章介绍自然语言处理的相关内容及其应用，着重介绍中文分词、文本表示、知识图谱等，使读者了解计算机理解自然语言的关键技术和基本流程。第3章介绍图像处理的相关知识，主要围绕图像表示、图像点处理、图像组处理等核心内容，帮助读者了解计算机如何识别图像。第4章介绍语音识别的相关知识，主要涉及语音信号、预处理、特征提取、语音识别模型及其应用等，使读者了解计算机如何听懂声音。第5章是实战案例，内容涵盖文本、图像、语音等领域，每个项目都附有完整的源代码和详细的讲解，帮助读者更好地学习、理解和应用人工智能技术。

本书主要有以下几个特点。

(1) 语言通俗易懂。本书面向有志于了解人工智能基础知识及应用的初、高中学生，因此尽量用通俗的语言文字对概念、技术和理论知识进行讲解，并结合实际生活中的案例，让读者意识到人工智能在生活中无处不在，从而激发读者学习人工智能的兴趣。

（2）内容编排合理。本书内容的整体安排围绕文本、图像、语音展开，引导读者应用所学知识解决实际问题。每章内容相对独立，开头都设置了本章的知识图谱，便于读者了解本章的主要内容和学习目标。此外，本书还配有案例、知识拓展、延伸阅读、习题、参考文献以及视频讲解等内容，帮助读者学习、理解和应用人工智能技术。

（3）注重代码实践。基于第2～4章介绍的理论知识，第5章给出了典型的实战案例，每个案例都附有完整的Python源代码和详细的注释，并对案例中调用的Python工具包给出了详细的介绍，在增进读者编程热情的同时提高编程能力。

（4）辅助学习资料丰富。本书提供源代码和PPT，读者可先扫描封底文泉云泉刮刮卡内二维码，获得权限，再扫描目录下方的二维码，即可下载。读者也可扫描书中对应章节旁的二维码，即可观看配套视频。每章的习题参考答案请见附录。

本书由陈璟、王萌、梁婷、张颖、王子祥、刘爽、向晓倩、沈硕文等完成。陈璟、王萌负责全书统稿。同时感谢曹汉童、张倩倩协助完成了本书配套资料的制作工作。

由于时间仓促，加上编者水平有限，书中难免有不妥和错误之处，恳请读者和同行专家批评指正。

编　者

2022年7月

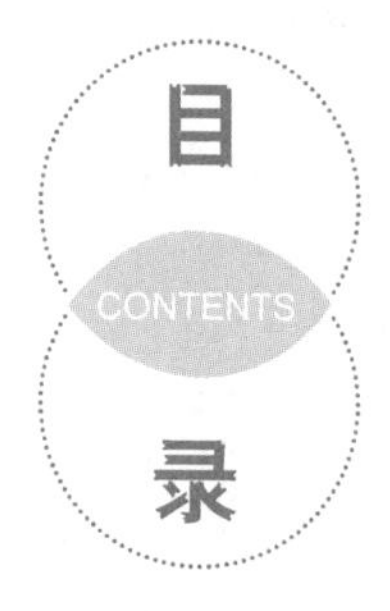

源代码和 PPT

第1章

人工智能基础知识：初识AI

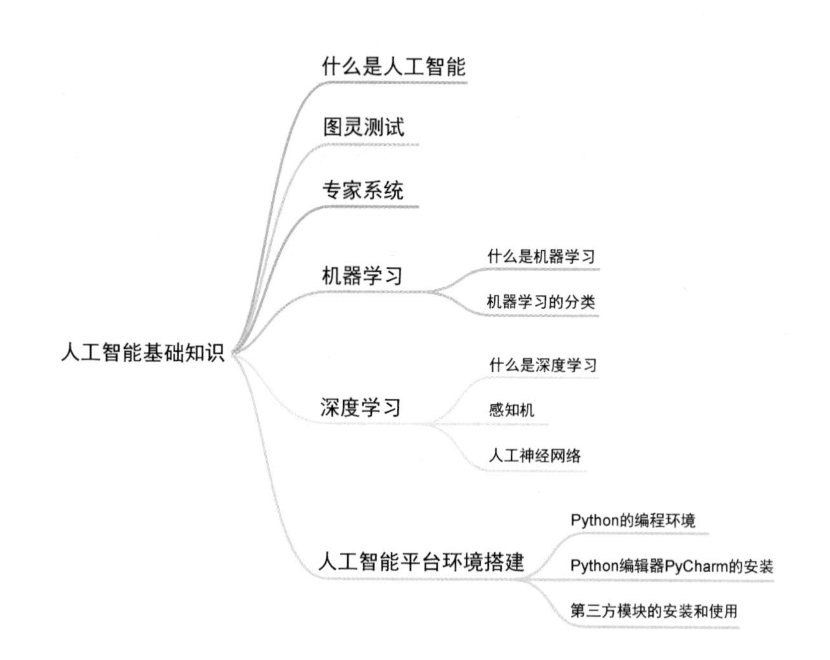

1.1 什么是人工智能

请思考以下这些是人工智能吗？可定时煮饭的电饭煲；室内温度超过25℃时就自动关机的空调；能进行简单对话的机器人等。上述都不是人工智能，因为以上例子都不能在完成计算的同时创造性地处理问题。那么什么是人工智能呢?

人工智能,即AI,是Artificial Intelligence的缩写,没有统一的定义,一般可认为:具有计算能力的同时,还具有某种创造性的处理功能,即能做到举一反三,可根据已知信息去推测未知事物的性质,并进行自主思考和判断。

计算机可以高速处理大量数据,且不会疲劳,可按统一的标准持续地工作,但此时还谈不上人工智能,如果计算机能从纷繁复杂的数据中提取出规则或模式,对其分类并进行推测,甚至发现人类无法察觉的规则,就可以称其为人工智能,这将大大减少人类的工作量。

AI一词最早出现在1956年,其作为学术研究的概念在达特茅斯会议上被讨论和提出。人工智能的第一次热潮是20世纪60年代"伊莉莎"(ELIZA)的出现,它是最早的与人对话程序;人工智能的第二次热潮是20世纪80年代"专家系统"的出现;人工智能的第三次热潮是20世纪90年代"机器学习"技术的问世。人工智能是一门极富挑战性的科学,被认为是21世纪三大尖端技术之一。人工智能的研究方向包括机器人、语音识别、图像识别、自然语言处理、专家系统等。

人工智能用于解决计算机难以解决的问题,如自然语言处理、图像识别、语音识别等。机器学习是人工智能的一个分支,是一种利用数据训练模型,然后使用模型预测的方法。神经网络是机器学习中的一个分支,神经网络最初是一个生物学概念,后来人工智能受神经网络的启发发展出了人工神经网络,深度学习是神经网络的延伸。深度学习是神经网络中最先进的技术,深度学习的核心就是自动将简单的特征组合成更加复杂的特征来解决问题。这些术语之间的关系如图1-1所示。

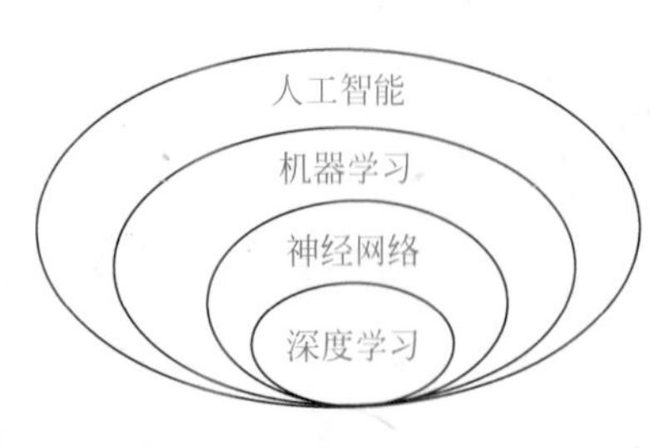

图1-1 各术语之间的关系

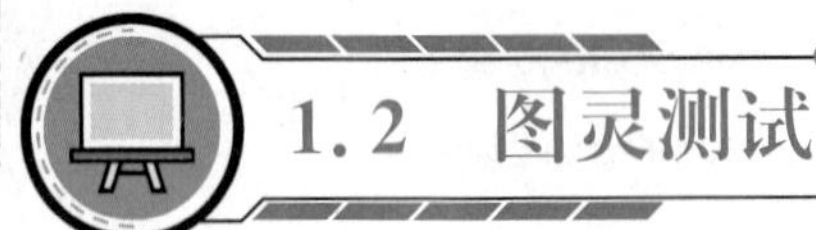

1.2 图灵测试

1936年,艾伦·麦席森·图灵(Alan Mathison Turing)发表了题为《论数字计算在决断难题中的应用》的论文,文中给"可计算性"下了一个严格的数学定义,并提出著名的"图灵机"(Turing Machine)设想。图灵机不是具体的机器,而是一种思想模型,将人们使用纸笔进行数学运算的过程进行抽象,由一个虚拟的机器替代人类进行数学运算，图灵机与冯·诺依曼机齐名，被载入计算机的发展史中。

1950年，图灵发表了著名论文《计算机器与智能》，文中预言了人类创造出具有真正智能机器的可能性。由于“智能”这一概念难以进行确切定义，他提出了著名的图灵测试：测试者与被测试者在互相不见面的情况下，通过对话，由测试者来判断被测试者是机器还是人类。如果被测试者（人工智能机器）瞒过了测试者，则被认为通过了测试。2014年，聊天程序“尤金·古斯特曼”（Eugene Goostman）首次通过了图灵测试，全世界为之震惊。图灵测试的示意图如图1-2所示。

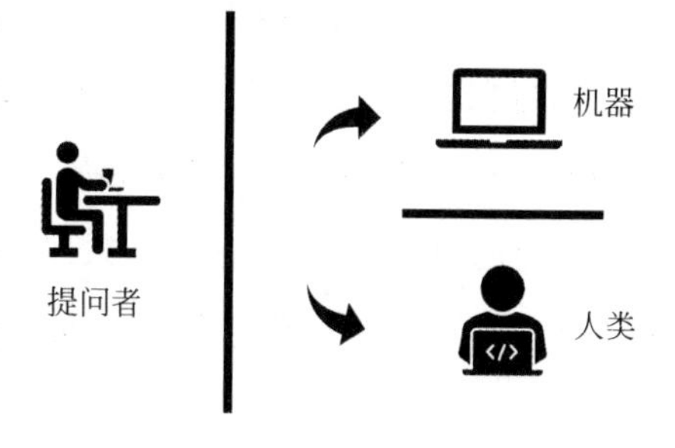

图1-2 图灵测试的示意图

1.3 专家系统

专家系统（Expert System，ES）是人工智能中最重要的一个应用领域，它实现了人工智能从理论研究走向实际应用、从一般推理策略探讨转向运用专门知识的重大突破。目前，专家系统已经广泛应用于工业、农业、医疗诊断、地质勘探、石油化工、气象、交通、军事、文化、教育、空间技术、信息管理等领域。

专家系统就是利用存储在计算机内的某个特定领域的人类专家的知识，来解决过去需要人类专家才能解决的现实问题的计算机系统。

医学专家能够针对不同的症状做出恰当的诊断并开具处方；地质专家可以根据地质资料和勘探数据判断什么地方有矿藏，以及是否有开采价值；其他领域的专家，依据他们的学识、他们在自身经历中积累起来的经验和练就的本领可以解决现实中的许多问题。那么，应用人工智能日趋成熟的各种技术，将专家的知识和经验以适当的形式存入计算机，利用类似专家的思维规则，对事例的原始数据进行逻辑或可能性的推理、演绎，并做出判断和决策，这就是专家系统的任务。

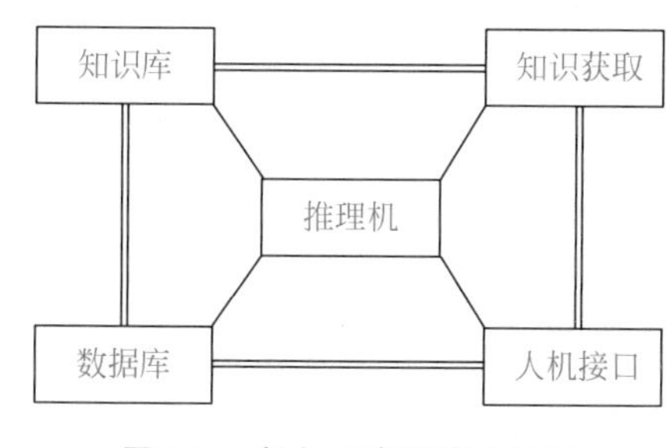

图1-3 专家系统的基本结构

一般来讲，专家系统是由图1-3所示的5个基本部分组成。在专家系统中，这5个部分彼此分离又相互联系，图中单线表示控制信息，双线表示数据流或信息流。其中知识库用于存储从专家那里得到的特定领域的知识；数据库用于存放专家系统运行过程中所需要和产生的所有数据；知识获取是模拟人类学习知识的基本过程，从信息源中抽取出所需知识，并将其转换成可被计算机程序利用的表示形式；推理机可根据用户提出的问题和输入的有关数据，按专家的意图选择利用知识库的知识并进行推理，得到问题的解答；人机接口是连接用户与专家系统之间的桥梁。

目前已有很多类型的专家系统，如内科疾病诊断专家系统、恶劣气候（包括暴雨、飓风、冰雹等）预报专家系统、聋哑人语言训练专家系统等。

1.4 机器学习

1.4.1 什么是机器学习

机器学习最早于1959年由麻省理工学院的阿瑟·塞缪尔（Arthur Lee Samuel）教授定义：机器学习是一门研究领域，它可以让计算机在不被明确编程的情况下学习。计算机通过大量的"学习"，即通过分析大量的数据，自主地从人类无法处理的海量数据中提取出规则或模式，去理解"特征"，从而自主思考，这一过程即是机器学习。常见的机器学习的过程如图1-4所示。数据可分为训练集和测试集，训练集通过机器学习的方法得到模型函数，测试集可通过此模型输出预测的结果。

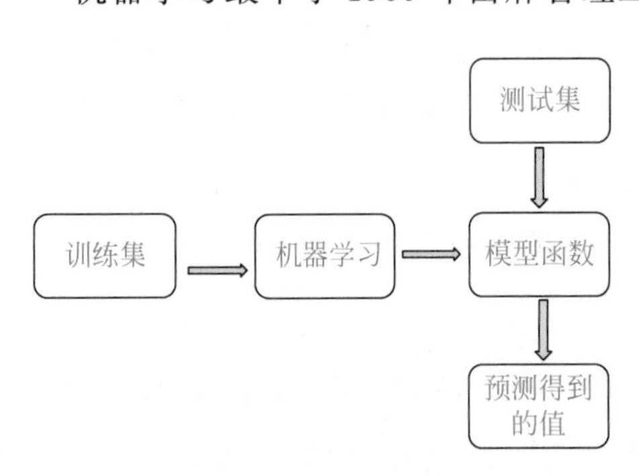

图1-4 机器学习的过程

1.4.2 机器学习的分类

机器学习根据学习方式可分为监督学习、无监督学习、强化学习。

1. 监督学习

监督学习就是事先告知计算机已知的输入数据和输出结果之间的联系，然后使计算机自动学习实现该规则的方法，通俗来讲就是教机器如何做事。监督学习可分为两部分：一是学习阶段，通过学习已知的数据来构建规则；二是预测阶段，利用构建的规则在未知数据上进行推测。

假设我们想要开发一个计算机算法，这个算法的功能是"输入食品名称，输出饮品名称"。例如，输入"炸鸡""汉堡"会输出"可乐"，输入"薯条""炸鸡"会输出"可乐"等，图1-5展示了已知输入数据和输出结果之间的组合关系，图中的组合关系意味着可根据输入的6种组合的食物推荐相应的饮品。根据这6种组合，可以得到图1-6所示的组合规则。根据这6条规则，可以得到特定输入对应的输出推荐，但是机器学习的任务在于即使输入的数据没有事先对应的正解，也能够通过模仿尽可能地预测开发者的期待，并将其作为结果予以输出。也就是说，当我们输入"鸡肉卷"和"炸鸡"时，算法也能为我们推荐饮品。下面就来介绍监督学习是如何来完成这个过程的。

序号	输入	输出
1	炸鸡、汉堡	可乐
2	薯条、炸鸡	可乐
3	汉堡	果汁
4	薯条、鸡肉卷	可乐
5	鸡肉卷	果汁
6	热狗、炸鸡	可乐

图1-5　输入数据和输出结果间的组合关系

如果是"炸鸡"和"汉堡"，则输出"可乐"
如果是"薯条"和"炸鸡"，则输出"可乐"
如果是"汉堡"，则输出"果汁"
如果是"薯条"和"鸡肉卷"，则输出"可乐"
如果是"鸡肉卷"，则输出"果汁"
如果是"热狗"和"炸鸡"，则输出"可乐"

图1-6　各类食品和各类饮品的组合规则

在进行监督学习时，首先需要由人来设计计算机学习的"基础"，并将其输入计算机。这里的基础就是模型，最初的模型是人输入计算机的，计算机的任务就是基于监督数据对人输入的模型进行调整，这一过程就是计算机进行学习的过程。

计算机在监督数据的基础上，在模型中自动学习"输出饮品的规则"，计算机制定的规则具有较强的灵活性。例如，在输入的监督数据中不存在"鸡肉卷"和"炸鸡"这个组合时,计算机也可能会输出"可乐"。为什么会出现这样的情况呢?这是因为,机器学习学习的并不是固定的规则,而是从"汉堡"和"炸鸡"等输入数据的特征中归纳出规则。

现在以图1-5中所示的6个监督数据为例,了解一下计算机是如何进行学习的。

首先,需要向计算机输入一个模型,这个模型如图1-7所示。

其实计算机需要学习的是可乐、果汁与相应食物之间的关联程度。所谓关联程度是指,当输入某种食品时,输出某饮品的概率。

在图1-7中填入★表示关联程度,计算机就是根据监督数据在模型中填入★。越多的★表示关联程度越强。

根据图1-5,计算机首先学习第1条监督数据"炸鸡、汉堡→可乐",计算机会在模型中填入★,得到图1-8所示的关联关系。

食物种类	饮品名称	
	可乐	果汁
炸鸡		
汉堡		
薯条		
鸡肉卷		
热狗		

图1-7 输入食品预测输出饮品的机器学习模型

	可乐	果汁
炸鸡	★	
汉堡	★	

图1-8 计算机对"炸鸡、汉堡→可乐"进行学习

接着学习第2条监督数据"薯条、炸鸡→可乐",计算机会在模型中填入★,得到图1-9所示的关系。

继续学习第3条监督数据"汉堡→果汁"。此时需要注意,若继续填入★,会出现如图1-10所示的关系。

	可乐	果汁
炸鸡	★★	
汉堡	★	
薯条	★	

图1-9 计算机对"薯条、炸鸡→可乐"进行学习

	可乐	果汁
炸鸡	★★	
汉堡	★	★
薯条	★	

图1-10 对"汉堡→果汁"进行学习后产生冲突

分析图1-10可知,此时"汉堡"与"可乐"的关联程度为一个★,"汉堡"与"果汁"的关联程度也为一个★,此时若输入"汉堡",无法输出"果汁",为了避免和监督数据产生冲突,需要把"汉堡"与"可乐"之间的联系删除,产生如图1-11所示的关系,此时输入

“汉堡”，能够输出“果汁”。

对第4条数据“薯条、鸡肉卷→可乐”进行学习，产生图1-12所示的关系。

	可乐	果汁
炸鸡	★★	
汉堡		★
薯条	★	

图1-11 计算机对“汉堡→果汁”进行学习

	可乐	果汁
炸鸡	★★	
汉堡		★
薯条	★★	
鸡肉卷	★	

图1-12 计算机对“薯条、鸡肉卷→可乐”进行学习

对第5条数据“鸡肉卷→果汁”进行学习，产生图1-13所示的关系。

对第6条数据“热狗、炸鸡→可乐”进行学习，产生图1-14所示的关系。

	可乐	果汁
炸鸡	★★	
汉堡		★
薯条	★★	
鸡肉卷		★

图1-13 计算机对“鸡肉卷→果汁”进行学习

	可乐	果汁
炸鸡	★★★	
汉堡		★
薯条	★★	
鸡肉卷		★
热狗	★	

图1-14 计算机对“热狗、炸鸡→可乐”进行学习

在学习完6条监督数据后，可以得到图1-14所示的模型。此时可以看到，计算机学习的并不是简单的规则，而是模型，通过模型，计算机就能够输出监督数据中没有的数据。例如，如果输入“炸鸡”和“鸡肉卷”，此时可乐有3个★，果汁有1个★，那么计算机就会输出“可乐”。

在海量数据面前，机器学习的优势就能够很好地体现出来，计算机能够预测人工无法解决的问题。在上面例子中，计算机最终输出的是确定的饮品名称，但是在实际示例中，计算机输出的是预测的概率。例如，计算机预测为“可乐”的概率为90%，预测为“果汁”的概率为10%。计算机在对大量数据进行学习的过程中，对模型进行调整。在输入监督数据时，计算机根据预测结果与正确结果之间的差异对模型进行调整，以达到优化模型的目的。

2. 无监督学习

无监督学习是一种机器学习的训练方式，它本质上是一个统计手段，在没有标签的数据里可以发现潜在的一些结构的一种训练方式。在机器学习中，若使用了不知道

正解或者是没有正解的数据进行学习，就是无监督学习。无监督学习即是对数据潜在的规则性加以归纳的学习方法。无监督学习的典型代表就是聚类。

3. 强化学习

强化学习也称为再励学习、评价学习或增强学习，是对某种状态下的各种行动进行评价，并借此主动学习更好的行动方式。

在心理学理论中，得到奖励的行为会被“强化”，受到惩罚的行为会被“弱化”。例如，在孩子完成学习任务后给予孩子玩儿玩具的奖励，没有完成学习任务给予不许玩儿玩具的惩罚，那么孩子就会加强完成学习任务这一行为。在动物训练师训练动物的过程中也是如此，动物在尝试不同的行为得到奖励或惩罚后，就会在试错的过程中达到训练者的期望。

强化学习使智能体在不依赖预备知识和外部帮助的情况下达到自主学习的效果，在围棋、象棋比赛中都能发挥较高的性能，例如，人工智能机器人 AlphaGo 就运用了强化学习。在棋类游戏中存在多种走法，并不能确定哪种走法是最好的，在这种情况下，如果使用传统的技术就需要指定大量的规则。强化学习解决了这个问题，在实际玩儿游戏的过程中，智能程序能在不断的试错过程中学习如何制定最好的策略。

强化学习和监督学习有什么区别呢？监督学习在决策过程中能够计算出最优的组合方式；但是在生活中的许多实际问题中，存在成千上万种组合方式，在这种情况下，我们不可能列出所有的可能性，而强化学习尝试做出一些行为，通过反馈结果的优劣来调整行为，在反复的调整后，做出最优的决策。强化学习的结果反馈有延迟，需要经过一系列决策产生的影响让我们判断决策的优劣性产生在哪一步；而监督学习的决策结果无论优劣都会立即反馈。在强化学习中，前者决策结果的输出与之后决策的输入存在相关性；但监督学习的输入是独立同分布的，不会受到前者决策结果的影响。

1.5 深度学习

1.5.1 什么是深度学习

深度学习是机器学习领域中一个新的研究方向，“深度学习”一词于1986年首次引入机器学习，于2000年应用于人工神经网络。通常来讲，将隐藏层（除输入层和输出层以外的其他各层)为两层及以上的神经网络的学习称为深度学习。目前,深度学习已成为人工智能的主要技术,在文本、语音和图像领域应用广泛。深度学习模型如图1-15所示。

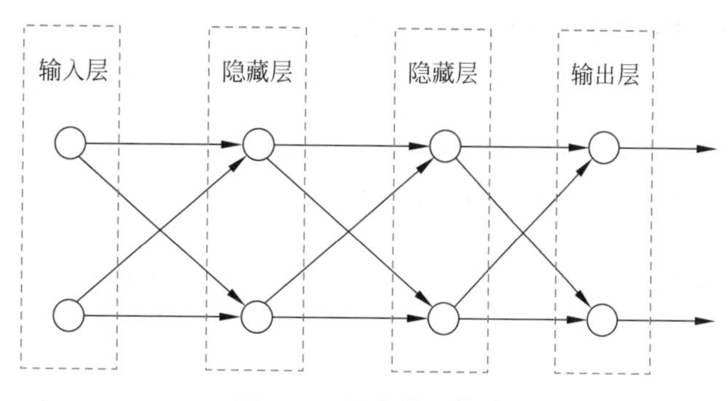

图1-15 深度学习模型

要进一步理解深度学习,首先要了解什么是人工神经网络,而要具体了解人工神经网络模型是如何工作的,首先要了解感知机的概念。

1.5.2 感知机

感知机是神经网络的起源算法,也称为“人工神经元”或“朴素感知机”,其工作原理是接收多个输入信号,输出一个信号。这里的“信号”可以想象成电流,感知的信号会形成流,像电流流过导线一样向前方输送信息。但是和实际电流不同的是,感知机的信号只有两种取值,一种是“流”,即1,表示“传递信号”,另一种是“不流”,即0,表示“不传递信号”。

图1-16为最简单的感知机,A和B是输入信号,C是输出信号,x和y是权重。在实际应用中,输入信号可能不止两项。输入信号A和B被送往C时,会被分别乘以固定的权重,系统会计算传送过来的信号的总和,只有当这个总和超过了某个界限值时,才会输出1,否则输出0。

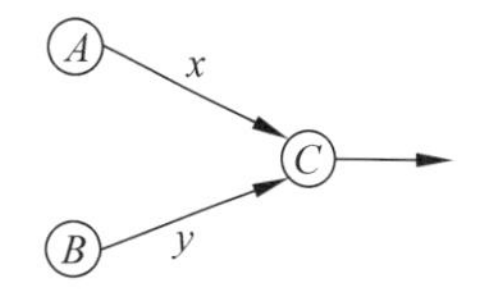

图1-16 感知机模型

权重的作用与电路里电阻的作用相同,都能起到控制信号流动程度的作用。但它们也有不同点:电阻越低,通过的电流越大;而感知机的权重越大,通过的信号越大。

下面通过一个小例子来理解感知机的工作原理。

假设有如下问题,从A和B分别输入一定量的电流,C的条件为“若电流超过60A,则输出1;否则输出0”。若此时A=30A,B=10A,我们来分别讨论一下输出值。

若A的权重为1(即$x=1$),B的权重为2(即$y=2$),此时输入C的值等于A的值乘以A的权重加上B的值乘以B的权重,即30×1+10×2=50,此时到达C处的电流并没有超过60A,因此最终输出值为0,如图1-17所示。

若A的权重为2(即$x=2$),B的权重为1(即$y=1$),此时输入C的值等于A的值乘以A的权重加上B的值乘以B的权重,即30×2+10×1=70,此时到达C处的电流超过60A,因此最终输出值为1,如图1-18所示。

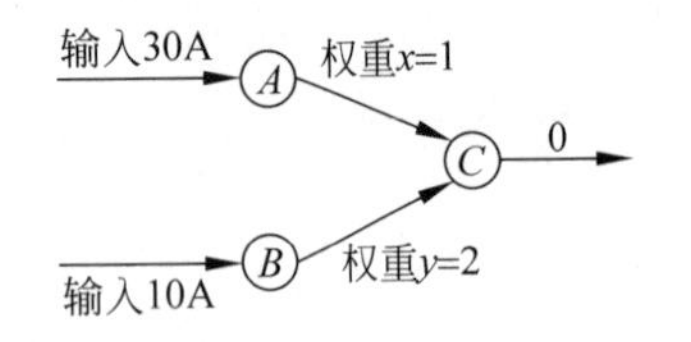

图1-17　当A的权重是1,B的权重是2时,输出结果是0

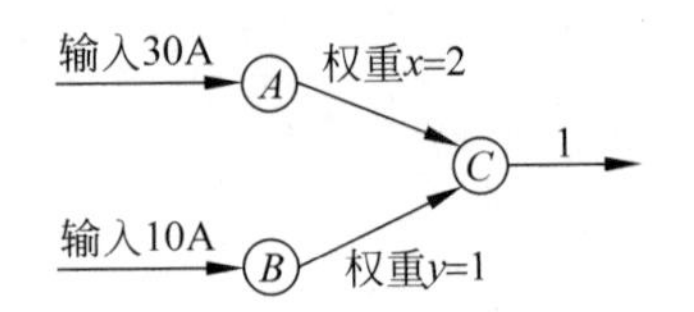

图1-18　当A的权重是2,B的权重是1时,输出结果是1

通过上面的例子我们了解了感知机的原理,其实深度学习所要学习的就是权重。

1.5.3　人工神经网络

神经网络也称为人工神经网络,是一种应用类似大脑神经突触连接的结构进行信息处理的数学模型,其基本原理是生物学中的神经网络,人们抽象和理解了人类大脑结构、外界刺激响应机制,再结合网络拓扑知识,从而模拟出了人脑神经系统对复杂信息处理技术的数学模型。近年来,对于人工神经网络的研究已经取得了很大的进展,人工神经网络在医学、智能机器人、经济等领域已经成功解决了很多实际问题。

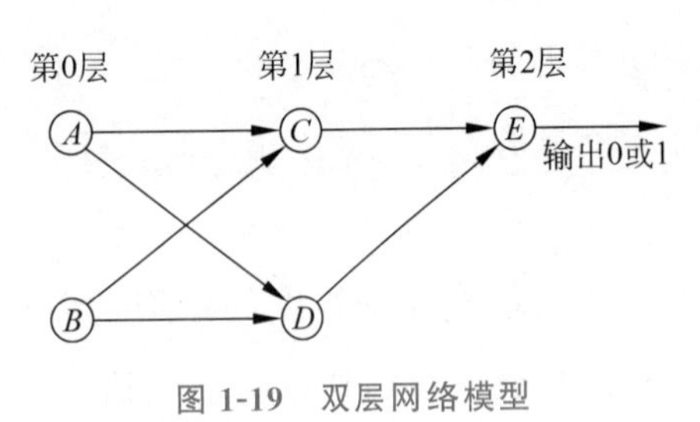

图1-19　双层网络模型

感知机可以进行叠加,图1-19所示模型即为"双层网络"模型。

若只看第0层的A、B和第1层的C,会发现它其实就是一个感知机模型。图1-19中从A、B各引出两个箭头,表示从A、B输出的值同时到达C、D。

上面讲到,A、B输出的值到达C后最终输出0或1,那么能不能输出其他的值呢?答案是肯定的。我们把对C的值进行改变的过滤器称为"激活函数"。在1.5.2节讲到的例子中的激活函数其实就是“若输入的数值大于阈值，则输出 1；若小于阈值，则输出 0”。若将激活函数设为“根据输入的数值输出 0～1 中任意的值”，那么就能得到多个输出。这样的网络就是“神经网络”。

输出层有一个输出值的神经网络模型如图 1-20 所示。实际上，输出层可以有多个输出，在深度学习中，可以根据要解决的问题设定神经网络的结构，同时也要设定输出层的数值个数。

在图 1-21 所示的神经网络模型中，第 0 层是“输入层”，最后一层是“输出层”，位于输入层和输出层之间的是“隐藏层”。

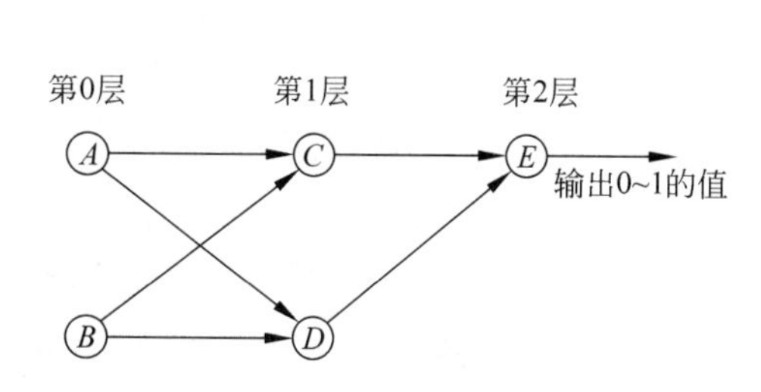

图 1-20　输出层有一个输出值的神经网络模型

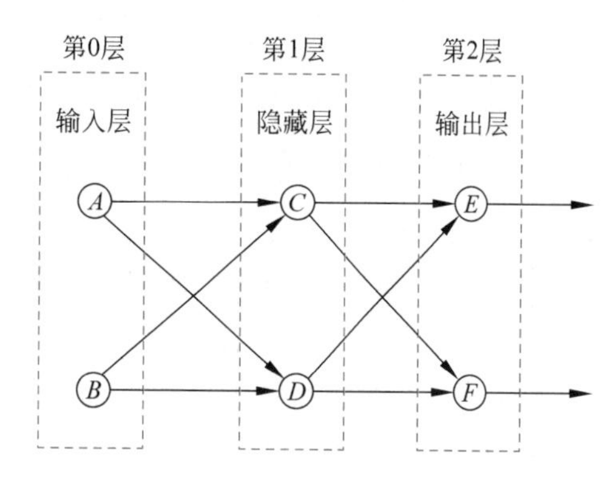

图 1-21　神经网络模型

1.6　人工智能平台环境搭建

人工智能语言有许多种，包括 LISP、Prolog、Python 等。据统计，在使用的编程语言方面，Python 是数据科学领域和人工智能领域使用最多的语言。

LISP(LISt Processing)于 1958 年由麻省理工学院的人工智能研究先驱约翰·麦卡锡(John McCarthy)基于 λ 演算所创造，采用抽象数据列表与递归作符号演算来衍生人工智能。LISP 是函数式程序设计的先锋，其诸多革命性的创新思维影响了后续编程语言的发展，长期以来垄断人工智能领域的应用。

Prolog(Programming in logic)于 1972 年由柯尔麦伦纳(Colmeraner)及其研究小组在法国马赛大学提出。Prolog 由于其简单的文法、丰富的表达力和独特的非过程语言的特点，很适合用来表示人类的思维和推理规则，从而一问世就赢得了人工智能研究和应用开发者的广泛关注。尤其在西欧和日本，Prolog语言已推广应用于许多领域。日本还在1979年提出的第五代计算机研究计划中把Prolog列为核心语言。

Python于1990年由来自荷兰国家数学和计算机科学研究学会的吉多·范罗苏姆(Guido van Rossum)设计。Python(大蟒蛇)作为该编程语言的名字，灵感来源于英国20世纪70年代的电视喜剧《蒙提·派森的飞行马戏团》(Monty Python's Flying Circus)。Python设计清晰，是一门易读、易维护，并且被大量用户所欢迎的、用途广泛的语言。Python解释器易于扩展，可以使用C或C++扩展新的功能和数据类型。Python丰富的标准库提供了适用于各个主要系统平台的源码或机器码。Python的这些优点让其拥有了无数的使用者。

本书中的案例主要基于Python展开。

1.6.1　Python的编程环境

(1) 打开Python官方网站，如图1-22所示。单击Downloads选项，根据计算机的系统和配置，选择Windows、Linux、macOS X等操作系统。选择想要安装的版本，这里以3.7.9版本为例，如图1-23所示。

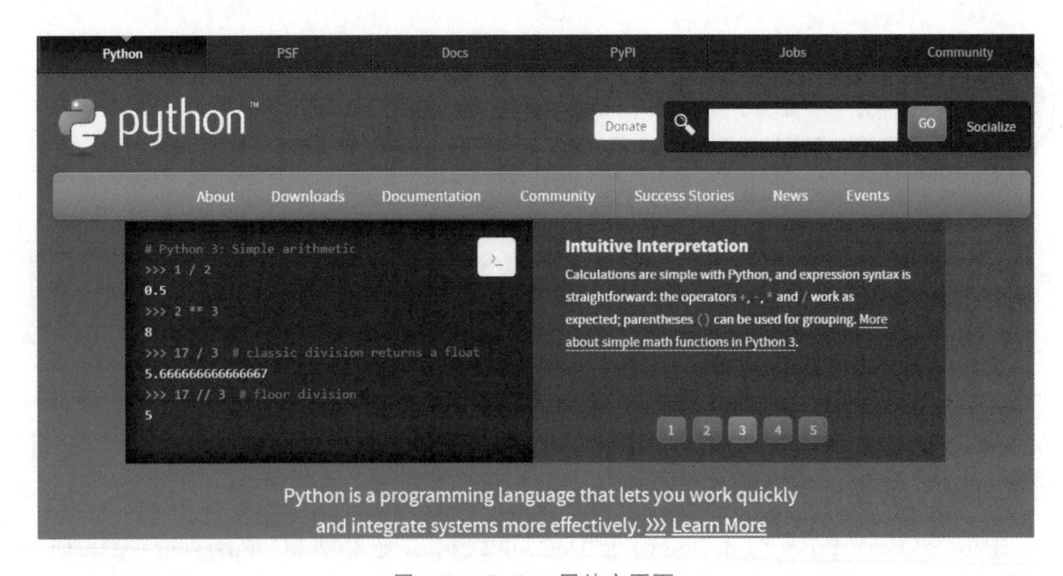

图1-22　Python网站主页面

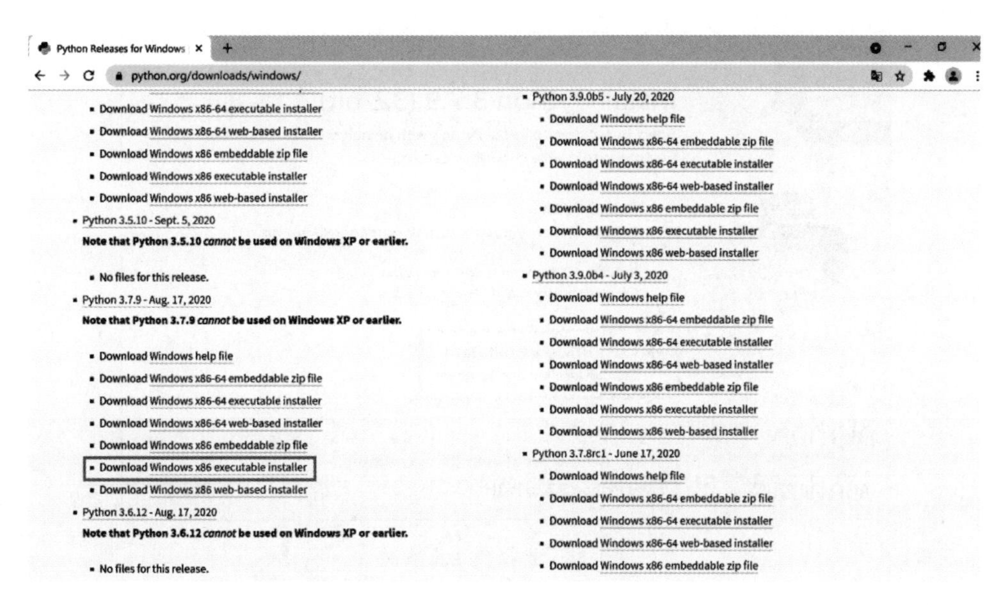

图 1-23　选择想要安装的版本

（2）下载完成之后，双击.exe文件。为了省去手动配置环境变量的步骤，勾选 Add Python 3.7 to PATH 复选框，如图 1-24 所示。

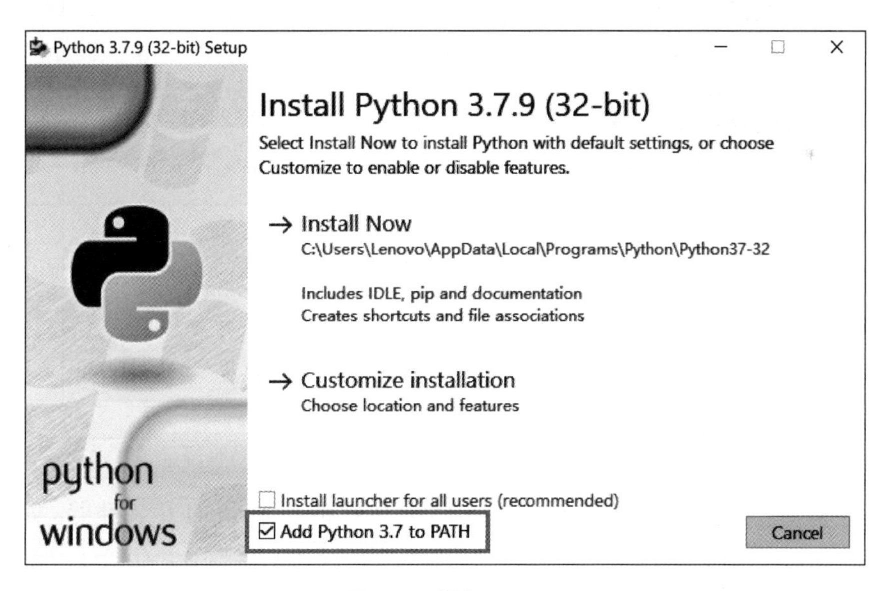

图 1-24　添加 PATH

（3）可以直接安装（单击 Install Now 选项），此时会默认安装。也可以选择自定义安装（单击 Customize installation 选项）。如图 1-25 所示，这里选择自定义安装。

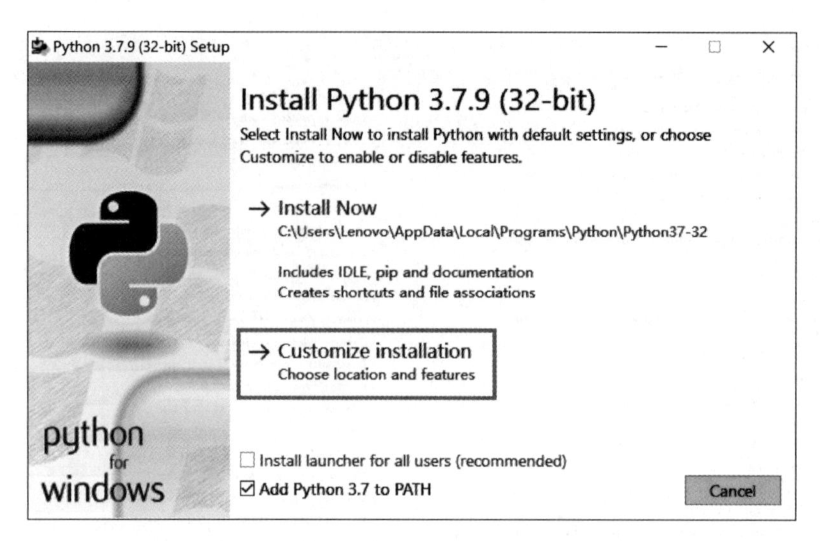

图 1-25　选择自定义安装

（4）可以根据自己的需要进行勾选，正常情况下默认勾选即可，如图 1-26 所示。

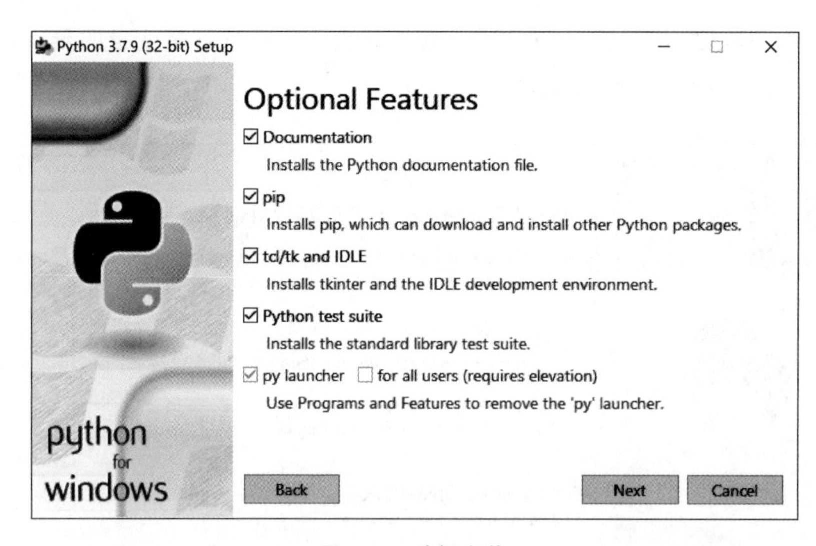

图 1-26　选择安装

（5）在 Customize install location 文本框中显示的是默认的安装路径，如图 1-27 所示。

（6）修改安装路径为 D 盘，如图 1-28 所示。

（7）单击 Install 按钮后稍等片刻即显示安装成功，如图 1-29 所示，单击 Close 按钮即可完成安装。

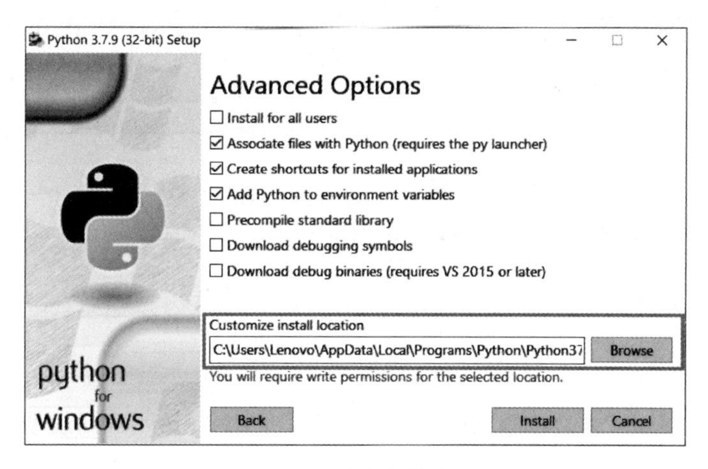

图 1-27　默认安装路径

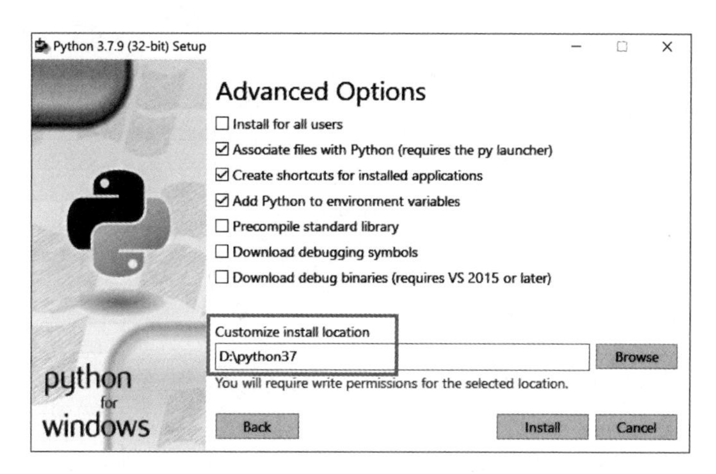

图 1-28　修改安装路径

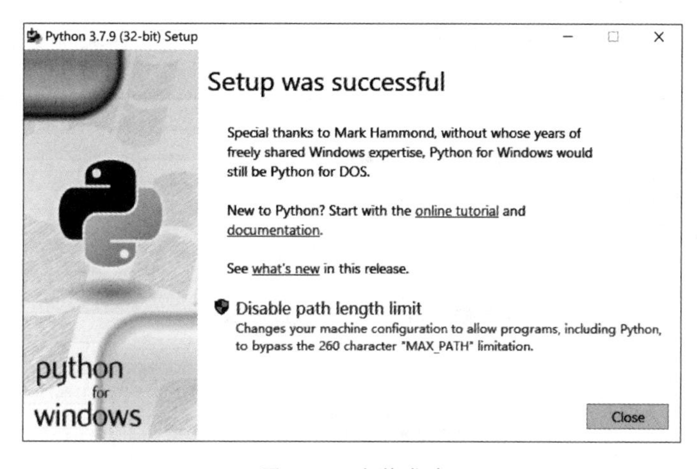

图 1-29　安装成功

(8) 打开“开始”菜单，双击新安装的 Python 的 IDLE，打开 Python Shell 初始界面，如图 1-30 所示，开始 Python 学习。

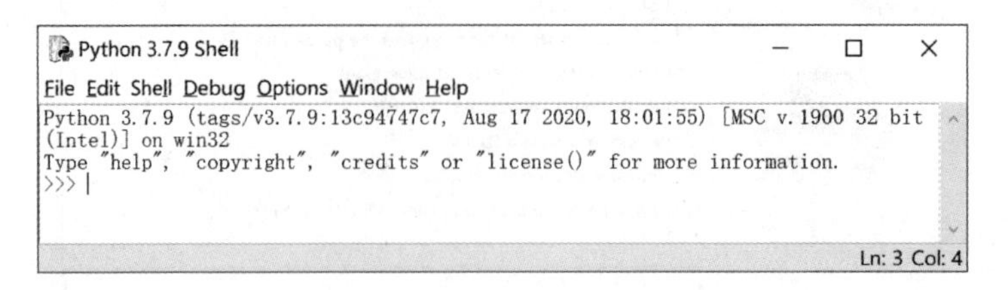

图 1-30　Python Shell 初始界面

(9) 若输入“print("hello")”后输出“hello”，如图 1-31 所示，则表明 Python 已能正常工作。

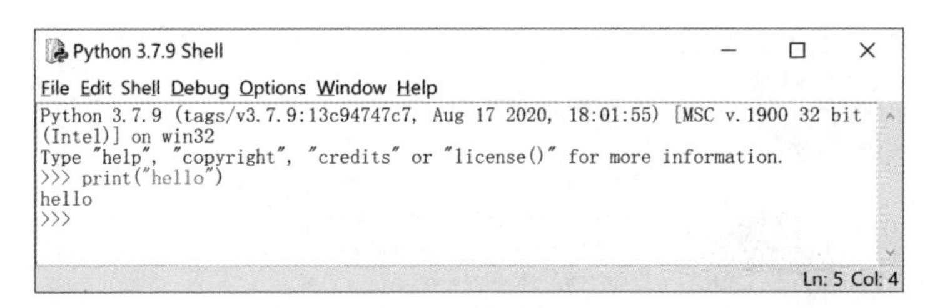

图 1-31　输入 print("hello")界面

1.6.2　Python 编辑器 PyCharm 的安装

PyCharm 是一款功能强大的 Python 编辑器，具有跨平台性，下面来介绍一下 PyCharm 在 Windows 下是如何安装的。

登录 PyCharm 的下载网站，进入网站后会看到如图 1-32 所示的界面。

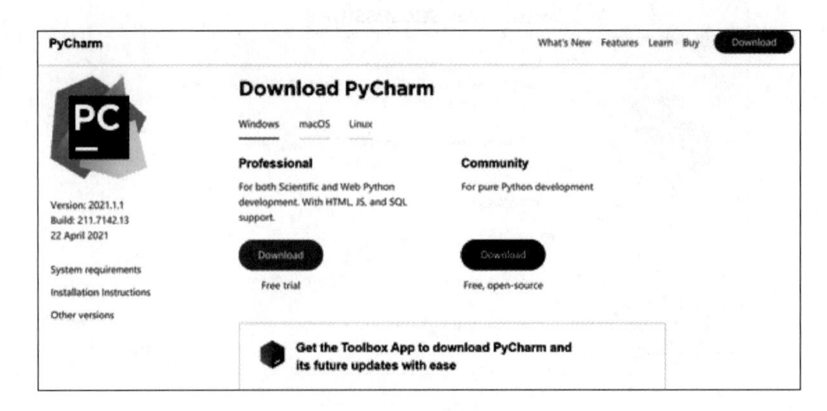

图 1-32　PyCharm 的下载界面

Professional 是专业版，Community 是社区版，读者可选择安装免费的社区版。下载完成后，双击安装文件，进入如图 1-33 所示的界面，单击 Next 按钮继续安装。

图 1-33 进入安装界面

使用默认的安装路径，单击 Next 按钮继续安装，如图 1-34 所示。

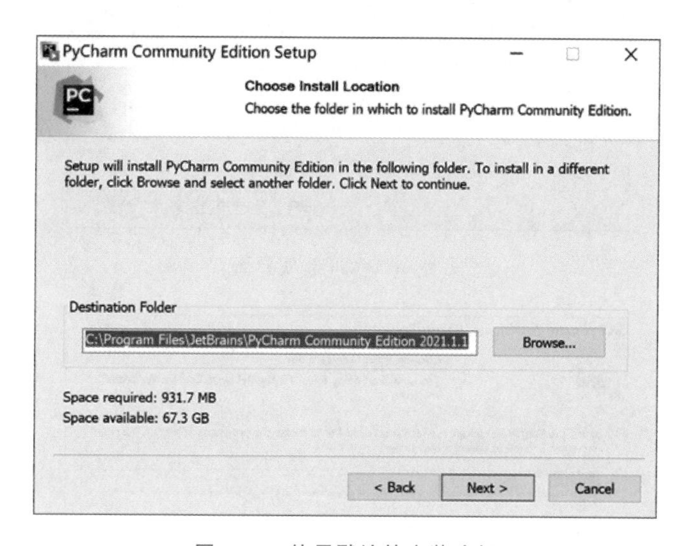

图 1-34 使用默认的安装路径

也可以自定义安装路径，如图 1-35 所示，这里选择安装在 D 盘，单击 Next 按钮继续安装。

进入如图 1-36 所示的界面后，勾选需要的选项，单击 Next 按钮继续安装。

进入如图 1-37 所示的界面，单击 Install 按钮进行安装。

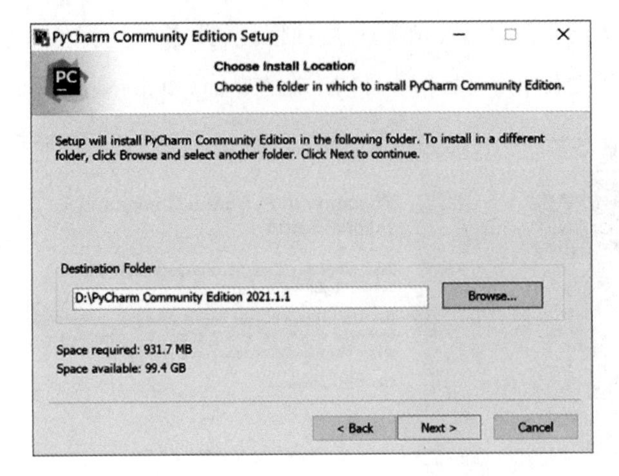

图 1-35 自定义安装路径

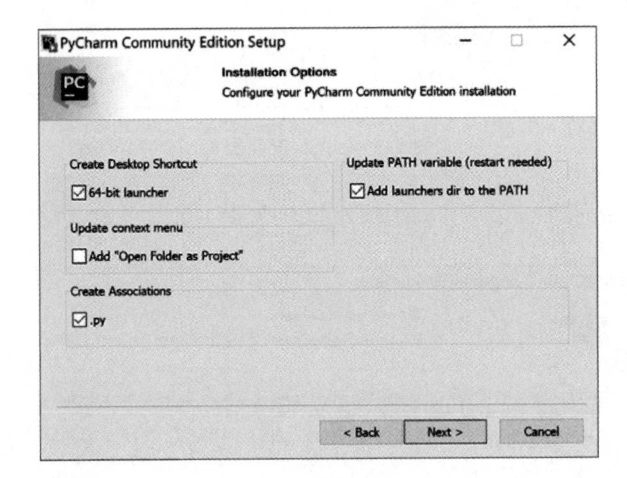

图 1-36 添加选项界面

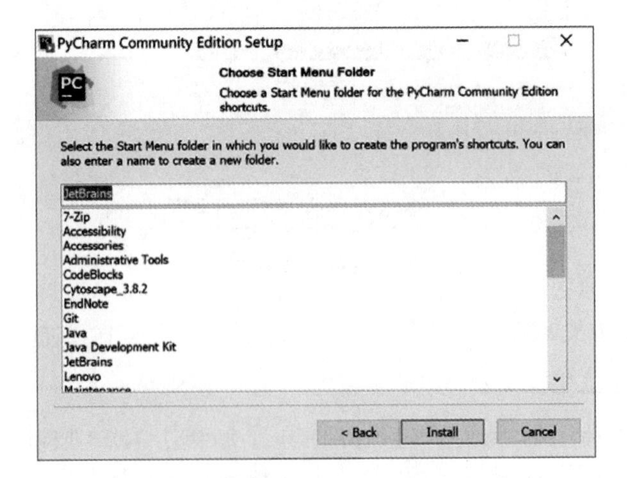

图 1-37 安装界面

进入如图1-38所示的界面，单击Finish按钮完成安装。

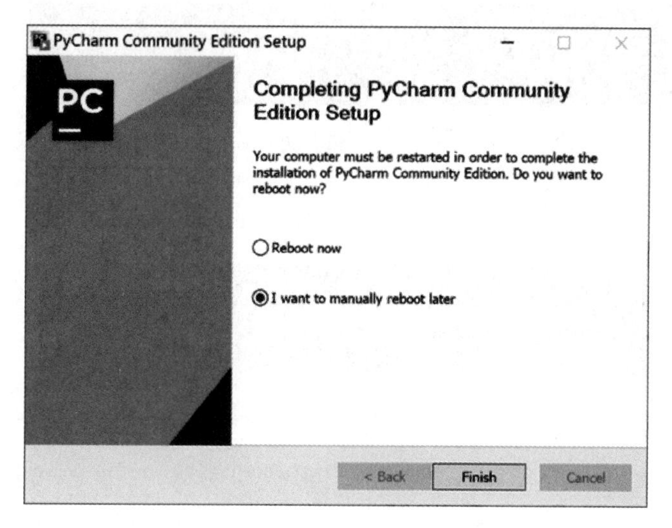

图1-38 安装完成界面

1.6.3 第三方模块的安装和使用

Python为每个与数据科学相关的任务提供了一套广泛的库，每个库都配备了独特的功能，利用Python库可以快速、轻松地完成任务。机器学习算法中大部分都是调用NumPy库来完成基础数值计算的。下面以NumPy为例介绍如何安装Python库。

使用pip工具可以完成库的安装。可以使用快捷键Win+R打开“运行”对话框，在该对话框的“打开”文本框中，输入cmd后单击“确定”按钮，如图1-39所示，此时即可以打开命令提示符。

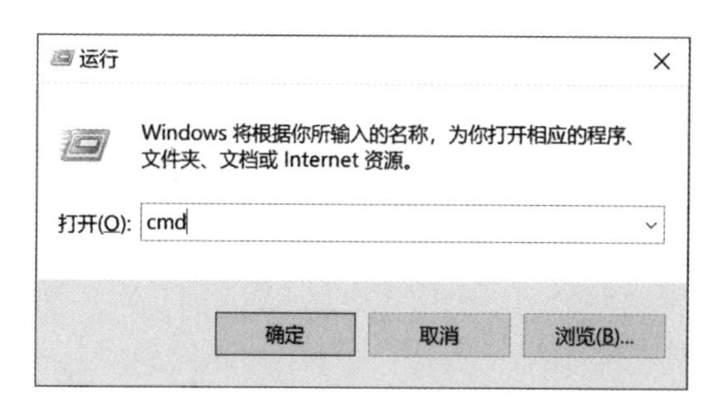

图1-39 输入cmd打开命令提示符

在命令提示符界面输入pip install numpy，如图1-40所示，进行NumPy安装。

图 1-40　NumPy 安装命令

安装完成后的提示如图 1-41 所示。

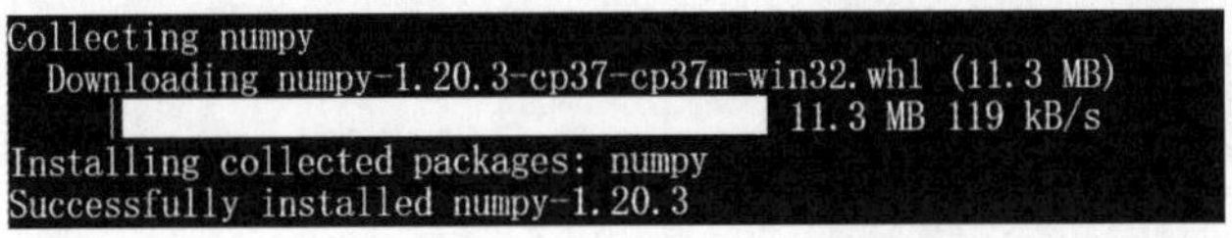

```
Collecting numpy
  Downloading numpy-1.20.3-cp37-cp37m-win32.whl (11.3 MB)
     |████████████████████████████████| 11.3 MB 119 kB/s
Installing collected packages: numpy
Successfully installed numpy-1.20.3
```

图 1-41　NumPy 安装完成的提示

接下来我们来测试一下 NumPy 是否已经成功安装，双击 Python 的 IDLE，打开 Python Shell，导入 NumPy，如图 1-42 所示，没有提示错误，证明现在已经能够使用 NumPy 库了。

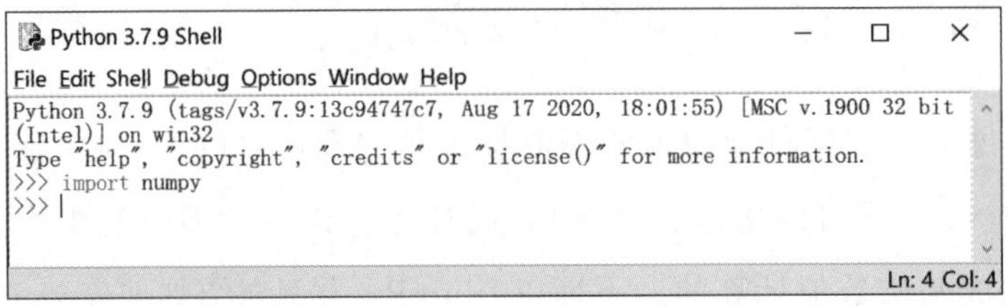

```
Python 3.7.9 Shell
File Edit Shell Debug Options Window Help
Python 3.7.9 (tags/v3.7.9:13c94747c7, Aug 17 2020, 18:01:55) [MSC v.1900 32 bit
(Intel)] on win32
Type "help", "copyright", "credits" or "license()" for more information.
>>> import numpy
>>> |
Ln: 4 Col: 4
```

图 1-42　成功调用 NumPy 库

下面通过几行简单的代码演示一下 NumPy 包的使用方法，如图 1-43 所示。

```
1.  #导入 NumPy 包
2.  import numpy
3.  #使用列表生成一维数组
4.  data = [1,2,3,4,5,6]
5.  #使用 NumPy 包
6.  x = numpy.array(data)
7.  #打印数组
8.  print(x)
```

图 1-43　NumPy 包的使用

Python中还有一个比较常用的包matplotlib，常用来画图，同样可使用上面介绍的方法安装，在画图时可配合NumPy使用，示例如图1-44所示。

```
1.  #导入 matplotlib 包
2.  import matplotlib.pyplot as plt
3.  #导入 NumPy 包
4.  import numpy as np
5.  #使用 NumPy 生成等差数列，在−3~3之间返回均匀间隔的数据
6.  x = np.linspace(−3, 3, 50)
7.  #定义函数 y=2*x + 1
8.  y = 2*x + 1
9.  #使用 matplotlib 生成画布, facecolor='grey',调节背景颜色，默认是白色
10. plt.figure(facecolor='grey')
11. #使用 matplotlib 画图, linestyle='--'，调整线的类型
12. plt.plot(x, y, linestyle='--')
13. #使用 matplotlib 显示图画
14. plt.show()
```

图1-44 matplotlib包的使用

Python库的安装都可以通过"pip install XXX"命令来安装，学会了NumPy的安装方法，大家可以试一下安装其他的库。

也可以在互联网下载Python扩展包，随后进行本地安装，例如在https://github.com/intxcc/pyaudio_portaudio/releases下载包PyAudio，随后通过"pip install C:\Users\Lenovo\Downloads\PyAudio-0.2.11-cp37-cp37m-win_amd64.whl"命令安装，如图1-45所示，其中的"C:\Users\Lenovo\Downloads\PyAudio-0.2.11-cp37-cp37m-win_amd64.whl"是包的安装路径加名字。

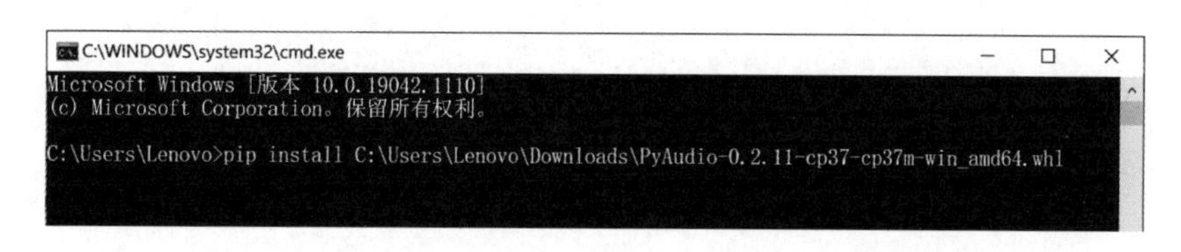

图1-45 PyAudio安装命令

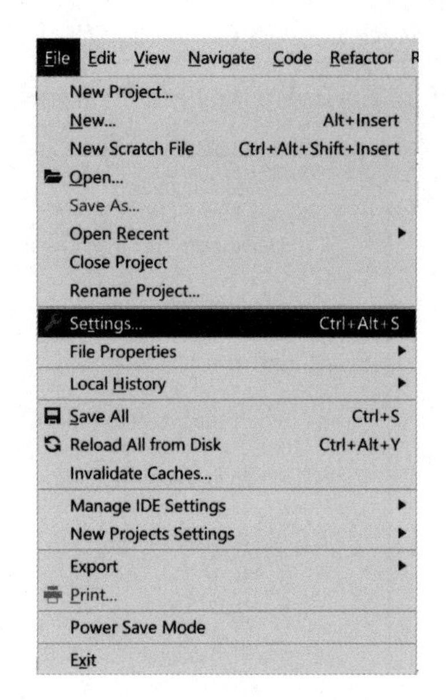

图 1-46　打开 Settings 对话框的操作

此外再介绍一种安装 Python 包的方法，打开 PyCharm，选择 File→Settings 命令，如图 1-46 所示，打开 Settings 对话框。

单击 Project: pythonProject 下的 Python Interpreter 选项，单击 + 按钮，如图 1-47 所示，进入添加包的界面。

单击 Manage Repositories 按钮(见图 1-48)，然后单击 + 按钮(见图 1-49)，输入"https://pypi.tuna.tsinghua.edu.cn/simple/"(见图 1-50)，然后单击 OK 按钮。

在搜索框输入想要安装的包的名称，单击 Install Package 按钮进行安装(见图 1-51)，安装成功后的显示如图 1-52 所示。

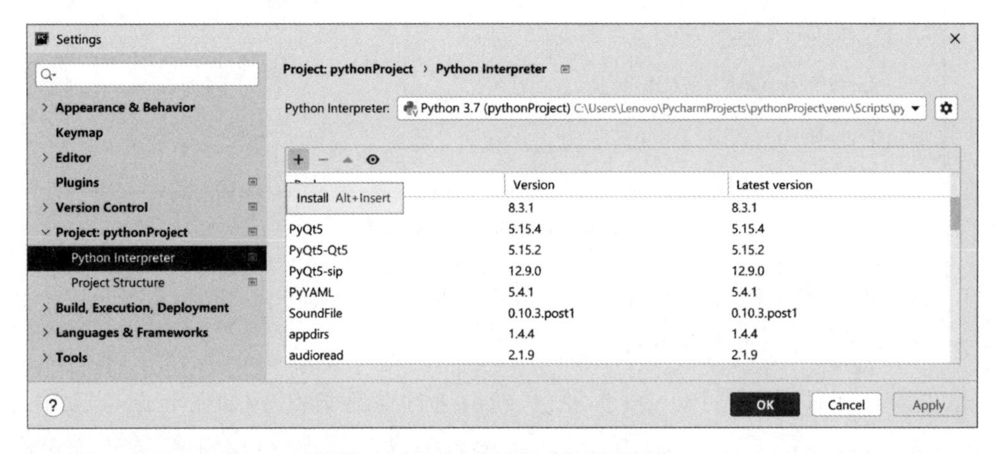

图 1-47　进入添加包界面的操作

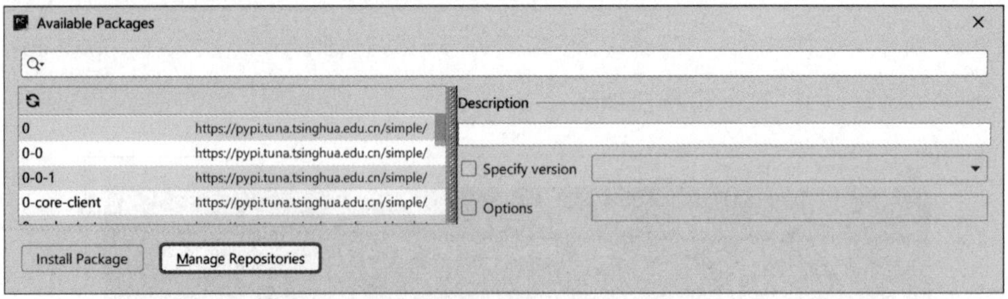

图 1-48　单击 Manage Repositories 按钮

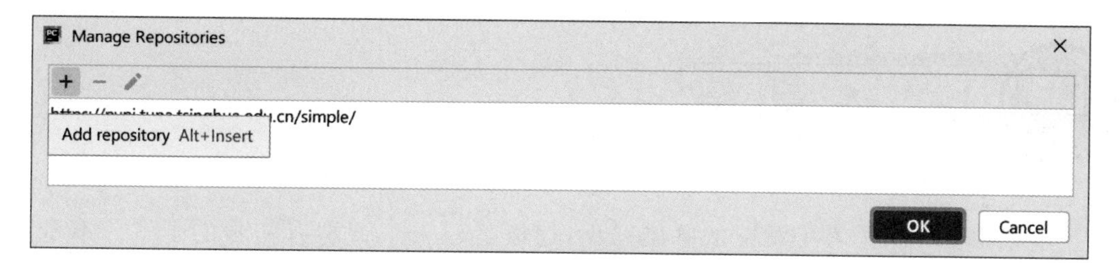

图 1-49 单击+按钮

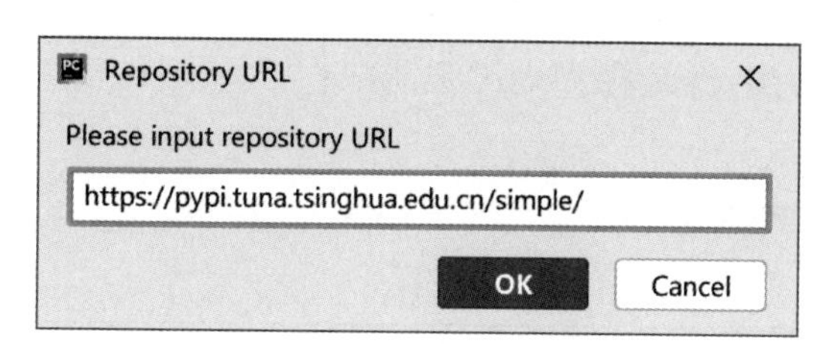

图 1-50 输入网址

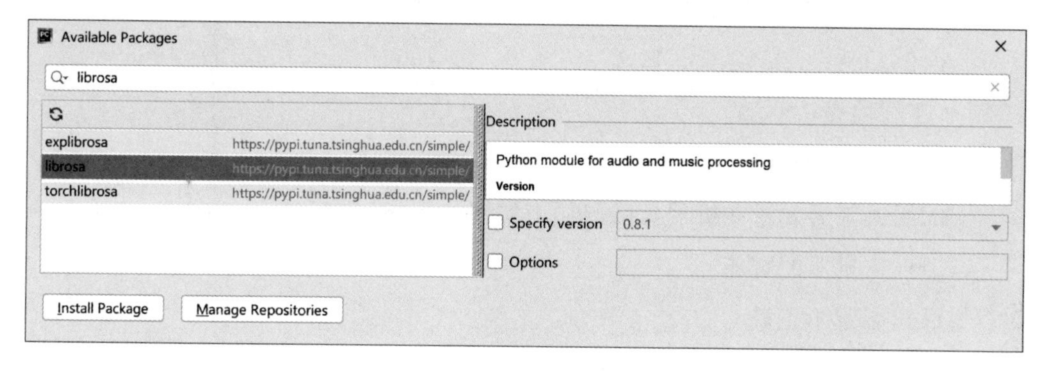

图 1-51 安装 librosa 包

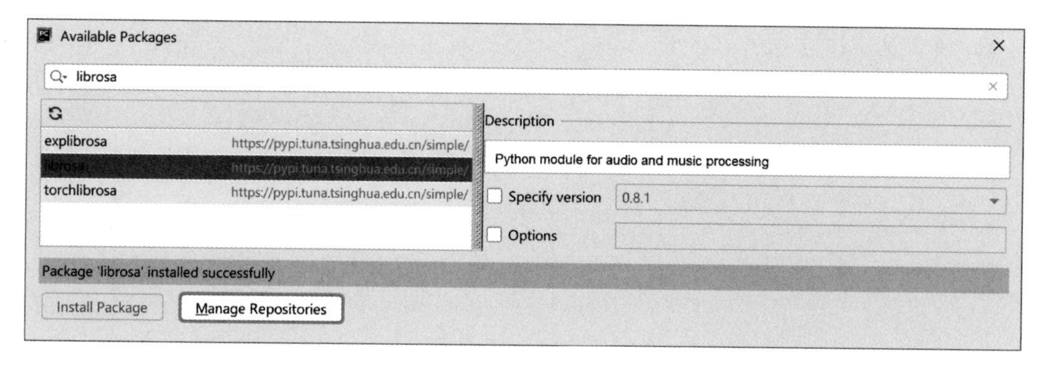

图 1-52 安装成功

1.7 本章小结

本章主要介绍了人工智能的基础知识,使读者对人工智能有初步的了解。本章首先介绍了人工智能、图灵测试和专家系统的相关知识,然后介绍了机器学习以及深度学习的方法,最后介绍了人工智能平台环境的搭建,为后续的学习打下了基础。接下来请大家紧跟我们的脚步,继续探索人工智能吧!

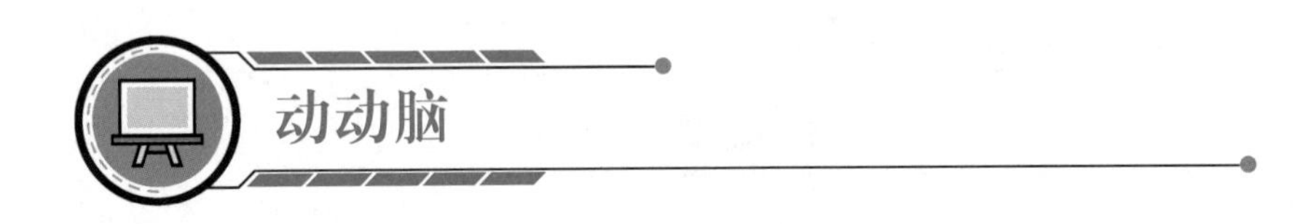

动动脑

1. 人工智能的首次提出是在(　　)年。

   A. 1941　　B. 1970　　C. 1956　　D. 1965

2. 人工智能是(　　)。

   A. 开发者的智能

   B. 用人工的方法在机器(计算机)上实现的智能

   C. 人+机器的智能

   D. 以上都不正确

3. 机器学习的应用场合主要有哪些?
4. 专家系统的应用领域有哪些?
5. 什么是深度学习?

第2章

让机器读懂语言：自然语言处理

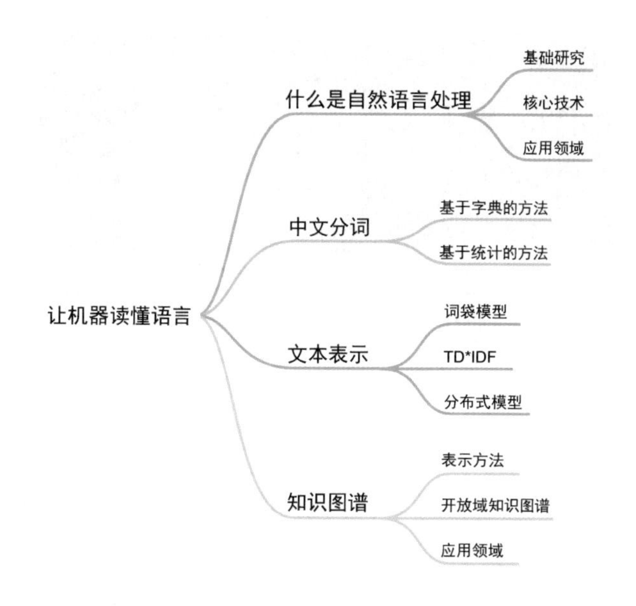

2.1 什么是自然语言处理

什么是自然语言处理？自然语言，就是人类日常相互沟通所使用的语言，我们说的话、写的字都是自然语言，可以用中文、英文、日文、德文等各种语言形式记录。自然

语言处理(Natural Language Processing,NLP)就是研究如何让计算机处理或“理解”自然语言的学科,是目前人工智能领域非常热门的分支。如果没有语言,人类的思维也就无从谈起,所以自然语言处理体现了人工智能的最高境界,也就是说,只有当计算机具备了处理自然语言的能力时,机器才算实现了真正的智能。

那么,自然语言处理都能干什么?举个例子,你使用过智能语音助手吗?如苹果公司的Siri(Speech Interpretation & Recognition Interface),对Siri你可以询问天气、查询餐厅、设置闹钟、通过手机读短信,心情不好的话,还可以和Siri聊聊天。再例如,家里的土豆发芽了,你在“百度”网站上搜一下“土豆发芽了还能吃吗”,“百度”可以给出准确的回答,如图2-1所示。

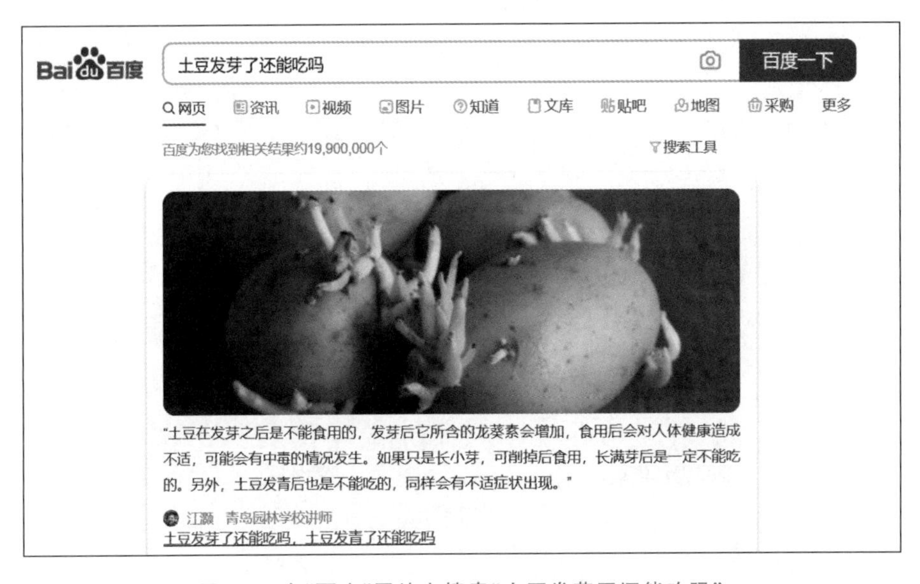

图 2-1 在“百度”网站上搜索“土豆发芽了还能吃吗”

那么,Siri是如何理解你说的话的?搜索引擎又是怎么理解你的查询意图并给出答案的?其实,它们的工作过程就是自然语言处理技术在实践中最为典型的应用。所有你能想象到的,跟“语言”或“文字”相关的自动化分析,如语音识别、语音合成、机器翻译、信息检索、文本分类、垃圾邮件过滤等,都是自然语言处理技术的应用领域。

自然语言处理难吗?语言对我们来说是多么自然的一件事情,无论是说话还是思考,是清醒还是睡梦,它都存在于我们的脑海里。我们太熟悉自己的语言,所以可能很难体会到语言的复杂程度。下面我们拿自然语言与编程语言做一番比较,看看计算机理解我们的语言到底有多么困难。

如图2-2(a)所示是一段Python语言程序，计算1～10的阶乘之和，编程语言是结构化的，每个关键词都有明确的语义。大家学习过Python的基础知识，需要进行判断时就要用到if，需要进行循环时就用到for或者while，程序的书写要遵循Python语言的语法规则，如果程序员在无意间写了有歧义的代码，程序就会报错或无法运行。与编程语言相比，自然语言是高度非结构化和高度歧义的，就像图2-2(b)所示，都是一句“你就等着吧”，却在不同的上下文中表达了完全不同的两个意思。

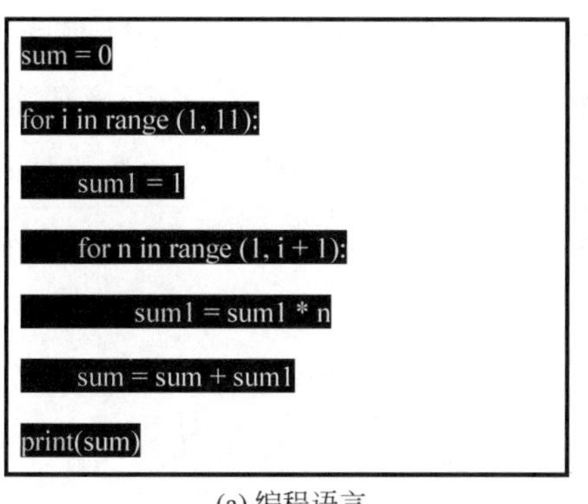

(a) 编程语言

地铁里听到一个女孩给朋友打电话，她是这么说的：“我已经到西直门了，你快出来往地铁站走。如果你到了，我还没到，你就等着吧。如果我到了，你还没到，你就等着吧。”

(b) 自然语言

图2-2 编程语言与自然语言的对比

再举个例子，山东省女排和江苏省女排进行了一场排球比赛，下面是两篇新闻报道的标题，大家想想，究竟是谁胜谁败？

标题1：江苏女排大胜山东女排。

标题2：江苏女排大败山东女排。

再来看如下两句话。

句子1：天冷了，能穿多少穿多少。

句子2：天太热，能穿多少穿多少。

都是一句“能穿多少穿多少”，表达的意思截然不同。再举一个机器翻译的例子，如图2-3所示，“我昨天买了一双鞋，黑色的，很舒服”和“我昨天买了一双鞋，黑色的，很开心”，所有人对这两句话都能理解，第一句中的“很舒服”指的是“鞋子”，第二句中的“很开心”指的是“我”。但对计算机来说，将其翻译成正确的英文，省略都要补齐，大家可以看到目前机器翻译的结果都不尽如人意。

自然语言处理为什么这么困难？人类语言经过数千年的发展，已经成为一种微妙的交流形式，承载着丰富的信息，这些信息往往超越语言本身。首先，语言是对客观、

我昨天买了一双鞋，黑色的，很舒服 I bought a pair of shoes yesterday, black, very comfortable
我昨天买了一双鞋，黑色的，很开心 I bought a pair of shoes yesterday, black, very happy

图 2-3 机器翻译示例

主观世界的描述，要理解语言，除了语言学知识，还涉及外部世界知识、领域知识、常识知识。其次，自然语言的开放性、歧义性、容错性、简略性等特点，都是目前自然语言处理难以突破的重要原因。就以歧义问题为例，人能够利用语言知识、语境信息、背景知识去消解歧义，而计算机进行机械式的分析，面临的困难要大得多。“让机器可以理解自然语言”——这到目前为止都还只是人类独有的特权，因此，自然语言处理也被誉为人工智能皇冠上的明珠。

自然语言处理的研究框架如图 2-4 所示。语料库资源和语言知识库是支撑自然语言处理发展的基础设施，基于构建的语料库，可以对客观存在的大规模真实文本中的语言事实进行定量分析，从而为语言学研究或自然语言处理系统开发提供支持。试想一下，为了让计算机理解人类语言，当然也需要给计算机配备语言知识库，例如，告诉计算机什么是名词、什么是动词，这样计算机才能有样学样，进行自动处理。语料库资源建设不仅能够提供用于构建应用的定量数据，也可以用数据来验证我们对于语言的想法和直觉性思考，因此语料库资源建设是自然语言处理研究中最关键和最基础的部分。

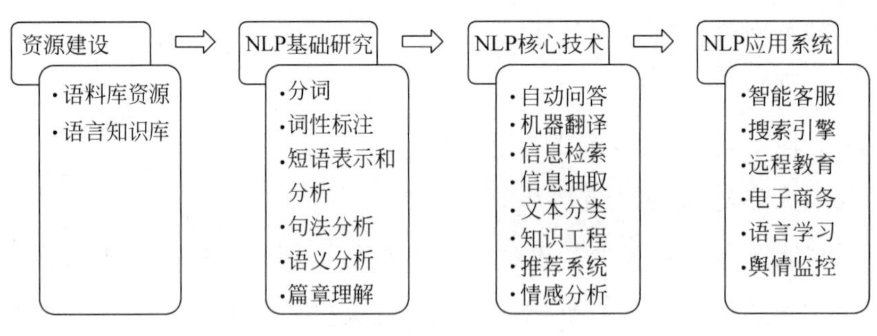

图 2-4 自然语言处理的研究框架

自然语言处理的基础研究通过对词、句子、篇章进行分析，对文本内容进行理解，例如，识别人名、时间、地点、短语等，并在此基础上为一系列的核心技术提供支持，如自动问答、机器翻译、信息检索等，这些技术又可以和具体的应用领域相结合，如教育、电子商务、搜索引擎等，发挥更大的价值。

2.2 中文分词

本节来谈一谈中文自然语言处理的一项基础工作——中文分词(Chinese Word Segmentation,CWS)。汉语以字为基本的书写单位,字和字之间有天然的分隔,而词语之间没有明显的区分标记。但是我们在阅读文字的时候,需要把词语识别出来才能理解句子的含义。就以“汉语是以字为基本的书写单位”为例,我们在读的过程中已经把句子中的词语进行了切分——“汉语\ 是\ 以\ 字\ 为\ 基本\ 的\ 书写\ 单位”,切分出来的词语往往是能够表达完整含义的最小单位,如“汉语”“基本”都是一个整体。那么中文分词的主要任务就是要让计算机像人一样,把看到的汉语文本的字串自动转换为词串,也就是将一个汉字序列切分成一个个单独的词语。中文分词是中文自然语言处理技术的基础工作,对汉语进行切分也是许多应用的要求,如信息检索、语音合成等。

中文分词都可以用什么方法来实现？如果要让计算机自动识别出词语,那么就得告诉计算机哪些是词语。如果给计算机配备一个“充分大的”词典,那么计算机在处理文本时,拿到一个字符串就去查词典,当在词典中匹配到这个字符串时,就认为这个字符串是一个词语。这是个简单而又高效的分词方法,被称为基于字典的分词方法,也叫作基于规则的分词方法。基本思路有了,但具体实现时还需要确定另外两个要素：扫描顺序和匹配原则。文本的扫描顺序即扫描方向,有正向扫描、逆向扫描和双向扫描；匹配原则是指哪种长度优先进行匹配,主要有最大匹配、最小匹配、逐词匹配,那么将这几个要素组合就能产生不同的分词方法,分别有正向最大匹配法(Maximum Matching Method,MMM)、逆向最大匹配法(Reverse Maximum Matching Method,RMMM)、双向最大匹配法(Bi-directction Matching Method,BMM)等。下面举例说明正向最大匹配法、逆向最大匹配法的工作过程。

1. 正向最大匹配法

从左到右扫描文本,寻找词的最大匹配。假如设定词的最大长度为 m,从左向右取待切分文本的 m 个字符作为匹配字段,与词表进行匹配。如果匹配成功,则将这个匹配字段作为一个词切分出来；若匹配不成功,则将这个匹配字段的最后一个字去掉,剩下的字符串作为新的匹配字段,再次进行匹配,重复以上过程,直到切分出所有词为止。

待分析文本：语言智能是人工智能的核心。

词典：语言、智能、是、人工、的、核心、核、心、人工智能。

设定词的最大长度为5。

第一轮：

“语言智能是”，词典中未匹配

“语言智能”，词典中未匹配

“语言智”，词典中未匹配

“语言”，匹配

第二轮：

“智能是人工”，词典中未匹配

“智能是人”，词典中未匹配

“智能是”，词典中未匹配

“智能”，匹配

第三轮：

“是人工智能”，词典中未匹配

“是人工智”，词典中未匹配

“是人工”，词典中未匹配

“是人”，词典中未匹配

“是”，匹配

第四轮：

“人工智能的”，词典中未匹配

“人工智能”，匹配

第五轮：

“的核心”，词典中未匹配

“的核”，词典中未匹配

“的”，匹配

第六轮：

“核心”，匹配

最终的分词结果：语言\ 智能\ 是\ 人工智能\ 的\ 核心。

2. 逆向最大匹配法

从右到左扫描文本，寻找词的最大匹配。假如设定词的最大长度为 m，从右向左取待切分文本的 m 个字符作为匹配字段，与词表进行匹配。如果匹配成功，则将这个匹配字段作为一个词切分出来；若匹配不成功，则将这个匹配字段的第一个字去掉，剩下的字符串作为新的匹配字段，再次进行匹配，重复以上过程，直到切分出所有词为止。

从算法的流程可以看出，逆向最大匹配的分词原理和过程与正向最大匹配相似，区别在于逆向最大匹配从句子(字串)的末尾开始切分，若不成功则减去最前面的一个字。

大家可以试一下，按照逆向最大匹配，上述例子的分词结果也是"语言\ 智能\ 是\ 人工智能\ 的\ 核心"，两种方法的分词结果一样。那么会不会出现不一样的情况呢？当然会，正向最大匹配和逆向最大匹配的结果并不一定相同，例如这个句子：我一个人散步，按照正向最大匹配，切分的结果是"我\ 一个\ 人\ 散步"，按照逆向最大匹配，结果是"我\ 一\ 个人\ 散步"。统计结果表明，单纯使用正向最大匹配的错误率为 0.59%，单纯使用逆向最大匹配的错误率为 0.41%。根据汉语中心语后置的构词特点，从理论上解释了为什么逆向匹配的精确度会高于正向匹配。

除了基于字典的分词方法，另外一类是基于统计的分词方法。基于统计的分词方法首先要给定大量已经分过词的文本，然后利用统计机器学习模型学习词语切分的规律，这个学习过程又称为训练，得到模型后，就可以实现对未知文本的切分。这类目前常用的机器学习模型有隐马尔可夫模型(Hidden Markov Model，HMM)、条件随机场(Conditional Random Field，CRF)、支持向量机(Support Vector Machine，SVM)、深度学习(Deep Learning，DL)等。随着大规模语料库的建立及统计机器学习方法的研究和发展，基于统计的中文分词方法渐渐成为了主流方法。

基于统计的分词方法，其本质上就是一个序列标注问题。如何理解呢？我们以 CRF 分词为例进行说明。对于一段文字，可以将每个字按照它们在词中的位置进行标注，常用的有以下四种标记：B(词首)、M(词中)、E(词尾)和 S(单独成词)。以刚才的句子为例，根据它的分词结果，可以表示成逐字标注的形式，如下所示。

- 句子：语言\ 智能\ 是\ 人工智能\ 的\ 核心
- 逐字标注：语\B 言\E 智\B 能\E 是\S 人\B 工\M 智\M 能\E 的\S 核\B 心\E

将分词结果用标记的形式表示，那么分词问题就变成怎么为一个句子找到最好的标记序列。CRF 为这样的问题提供了一个解决方案，对于输入序列 $X=X_1,X_2,\cdots,$

X_n,求这个输入序列条件下某个标记序列 $Y=Y_1,Y_2,\cdots,Y_n$ 的概率极值,也就是其最优解。例如,输入句子是:我喜欢游泳,那么预测过程就是在由标记组成的数组中搜索一条最优的路径,如图 2-5 所示。

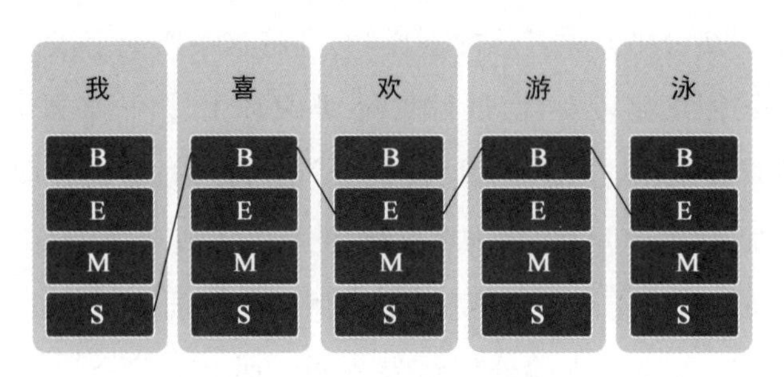

图 2-5　分词的序列标注

对于每列的每个标记,我们都要计算到达该标记时的分数,这个分数由特征权重组成,而特征权重都是在训练模型时得到的,这就需要用到之前提到的已经分好词的语料库。句子"我喜欢游泳"经过模型预测后得到的最优标注序列是 SBEBE,那么根据这个序列就可以还原出分词结果是"我/喜欢/游泳"。

定义特征时可以充分考虑汉语组词的规律,包括一元特征、上下文特征等。例如,当前字符是 W,上个字符是 X,出现这种情况时,**特征函数**的输出就是 1,否则是 0。这种方法的最大缺点是需要有大量预先分好词的语料作支撑,而且训练过程中**时空开销**极大。

那么中文分词究竟难在哪里呢?中文分词的主要困难在于分词歧义。

下面来看一个例子。某学校开学的时候,食堂打出横幅"欢迎新老师生前来就餐",一起来想想这句话能有哪些可能的分词结果。

分词结果 1:欢迎\ 新\ 老师\ 生前\ 来\ 就餐。

分词结果 2:欢迎\ 新\ 老\ 师生\ 前来\ 就餐。

对于结果 1,虽然是大实话,但怎么听起来那么别扭?显然,结果 2 是横幅要表达的本意。问题出在哪里?我们来看字符串"老师生前来"里,"老师"是一个词,"师生"是一个词,"生前"是一个词,"前来"也是一个词,两两之间都有重叠。在计算机看来,上述情况似乎都有可能,可以切在这里也可以切在那里,这样的分词困境就叫作"交集型歧义"。这种情况由人来判断比较容易,但交给计算机来处理就麻烦了。

除了"交集型歧义",还有一类"组合型歧义"问题。所谓组合型歧义,就是指同一个字串既可合又可分。例如,词语"把手","如何保养门的铜把手"中的"把手"就是一个词,"别把手伸进别人的口袋里"中的"把手"就必须要分开。这样的例子还有很多,"将来”“难过”“马上”“才能”“研究所”“原子能”“学生会”等词语都有此问题。究竟是合还是分，还得取决于它出现的上下文。据统计，分词歧义中交集型歧义占了绝大多数，达94%，因此处理好交集型歧义在汉语分词中非常重要。

中文分词的另一个棘手问题是新词识别。在专业术语中，人名、地名、机构名和新词被统称为未登录词，也就是那些分词词典中没有收录，但实际使用时又确实是一个词。以人名为例，人理解起来自然而然，对机器来说却没那么容易。例如，在句子“李雪平等代表发言”中，“李雪平”作为一个人名，应该作为整体识别。我们知道人名是一个开放域，不但数量众多，而且不断有新的名字出现，显然，我们不可能把所有出现的名字都作为一个词收录到词典中。在上面这个例子中，如果“李雪平”没有识别正确，会出现“李雪\平等”这样的分词错误，直接影响下游任务的准确性。

除人名外，还有地名、机构名、产品名、商标名、简称、缩略语等，这些也都是使用频率较高的词。以产品名、机构名、商标名为例，它们的结构比较复杂，长度没有一定的限制，且存在大量的嵌套、别名、缩略词等问题，如“茅盾故居纪念馆”“宋庆龄基金会”“富士通（中国）有限公司”等。再加上追求创意的各行各业，其商标名无奇不有，而且有些本身就包含常用词，更是给自动分词添加了不少障碍。因此，如何做好新词识别就显得十分重要，新词识别准确率已经成为评价一个分词系统好坏的重要标志之一。

【知识拓展】

特征函数。这里的“特征”可以理解为从语料库中抽象出来的一个规则描述，例如，在词性标注任务中，可以定义这样一个规则：词语位于句首，那么根据输入句子的词语依次进行判断，如果符合这个特征，则函数输出1；如果不符合，则函数输出0。不同的特征函数体现不同的规则。目前，特征函数多是通过人工进行设定的，根据具体问题，特征函数可以定义得十分细致，只要你能想到的、对解决问题有帮助的规则，都可以是特征函数。

时空开销。时空开销主要用于评价一个算法的优劣，我们知道，同一个问题使用不同的算法也许都能得到正确的结果，但在算法执行过程中占用的资源、消耗的时间会有很大的区别。因此，对于算法的评价，一般从两个维度进行，即“时间”和“空间”。对算法效率的分析可以从两方面进行，即时间效率和空间效率。时间效率被称为时间复杂度，主要衡量的是执行当前算法所消耗的时间，而空间效率被称作空间复杂度，是当前算法在运行过程中临时占用存储空间大小的量度。“时间复杂度”和“空间复杂度”经常是相互矛盾的，此消彼长，在时间复杂度和空间复杂度无法同时满足的情况下，就需要从中找一个平衡点。

2.3 文本表示

文本表示指通过某种形式将文本字符串表示成计算机所能处理的数值向量。那么为什么要进行文本表示？根本原因是计算机不能直接对文本字符串进行处理，因此需要对其进行数值化或者向量化。将文本转换为机器可以看懂的数字形式，这样才能进行后续的计算，同时，良好的文本表示形式也可以极大地提升算法效果。

首先，一篇文档包含很多词语，词语是信息的载体。我们可以考虑从词语入手来进行文本表示。例如，有如表 2-1 所示的 3 篇文档。

表 2-1　文档样例

文　档	内　容
文档 1	我喜欢听古典音乐和流行音乐
文档 2	学校开设了人工智能课程，也开设了编程课程
文档 3	讨论人工智能研究领域的热门话题

我们可以把所有文档中出现的词语统计一下来构造词典，如表 2-2 所示。

表 2-2　词典

序　号	词　语	序　号	词　语	序　号	词　语
1	我	8	学校	15	研究
2	喜欢	9	开设	16	讨论
3	听	10	了	17	领域
4	古典	11	人工智能	18	的
5	音乐	12	课程	19	热门
6	和	13	也	20	话题
7	流行	14	编程		

接下来，就可以统计每个文档中词汇的出现情况，例如，当某个文档中出现某个词语时，对应位置就标记 1，否则就标记 0，如表 2-3 所示。那么一篇文章就可以用这一串数字表示，这就是一种最简单、最基础的文本表示方法——词袋模型。词袋模型把每

一篇文章看作一袋子，里面装的是这篇文章中的词语，每个词都是独立的，忽略了词语的顺序。但是可能你也发现了这种方式的问题，词袋模型不考虑词序，这意味着意思不同的句子可能得到一样的文本表达向量。例如，“我要看周杰伦的演唱会”和“周杰伦要看我的演唱会”，两个句子的文本表达一样，意思却截然相反。不管怎样，目前为止，我们已经能够将一篇文章用一串数字表示，计算机就可以进行处理。

表 2-3　基于词袋模型的文本表示

文档内容	我	喜欢	听	古典	音乐	和	流行	学校	开设	了	人工智能	课程	编程	也	研究	讨论	领域	的	热门	话题
我喜欢听古典音乐和流行音乐	1	1	1	1	1	1	1	0	0	0	0	0	0	0	0	0	0	0	0	0
学校开设了人工智能课程，也开设了编程课程	0	0	0	0	0	0	0	1	1	1	1	1	1	1	0	0	0	0	0	0
讨论人工智能研究领域的热门话题	0	0	0	0	0	0	0	0	0	0	1	0	0	0	1	1	1	1	1	1

那么这种 0、1 的表达方式，是不是过于简单粗暴呢？一个词语在一篇文档中出现了 100 次，而在另一篇文档中出现 1 次，那么这个词语对这两篇文档的重要性显然不一样，是否可以考虑用词语在文档中出现的频次——词频（Term Frequency，TF），来表示当前词在该文本的重要程度。按照这个思路，可以得到如表 2-4 所示的文本表示。

表 2-4　带词频的文本表示

文档内容	我	喜欢	听	古典	音乐	和	流行	学校	开设	了	人工智能	课程	编程	也	研究	讨论	领域	的	热门	话题
我喜欢听古典音乐和流行音乐	1	1	1	1	2	1	1	0	0	0	0	0	0	0	0	0	0	0	0	0
学校开设了人工智能课程，也开设了编程课程	0	0	0	0	0	0	0	1	2	2	1	2	1	1	0	0	0	0	0	0
讨论人工智能研究领域的热门话题	0	0	0	0	0	0	0	0	0	0	1	0	0	0	1	1	1	1	1	1

用每个词在该文本中的频次表示该词的重要程度。那么问题又来了,如果有些词在所有文章中出现的频次都很多,可能是常见词或者停用词,如“是”“的”“了”等,这些词虽然词频很高,但是对于文档的重要性却一般不大。有没有什么办法能把这些词的重要性降低?

逆文档频率(Inverse Document Frequency,IDF)闪亮登场!先来看一下逆文档频率 IDF 的公式定义:

$$\mathrm{IDF}(t)=\log\frac{D}{D_t} \tag{2-1}$$

其中,t 是词语,D 是文章的总数,D_t 是包含词语 t 的文章总数。例如,你有 1000 篇文档,词语“的”出现在所有文档中,因此 IDF(的)=log(1000/1000)=log(1)=0,假如词语“编程”出现在 10 个文档中,那么,IDF(编程)=log(1000/10)=log(100)=2。

直观的解释是,如果一个词语在非常多的文章里面都出现了,那它可能是一个比较通用的词汇,对某篇文章语义的区分贡献较小,所以对其权重做一定惩罚。反之,如果一个词语越能代表该篇文章的主题,也就是它越重要,那么它的权重应该越大。上面这个例子中,词语“的”出现在所有文档中,它对文档语义的区分几乎没有贡献,IDF 值为 0,而词语“编程”的 IDF 值为 2,显然它的特异性更强,这也符合我们的直觉。因此,可以把这两个因素结合起来:TF×IDF,这是一种衡量词语在文档中重要程度的较合理的度量方式。

当文档从文字变成了数字后,计算机算法就可以大展身手,基于具体任务的需求进行计算。在刚才的例子中,已经可以把文档 1、文档 2、文档 3 分别表示成 20 维的向量,那么就可以利用余弦定理来计算两个向量之间的夹角。在这个问题中,夹角的物理含义就是两个文档的相似度,如果两个向量的方向一致,说明两个文档的用词和比例都很接近,我们就认为两个文档的相似程度很高。因此,可以利用余弦定理来实现文本分类、聚类等任务。而实际上,现在各大门户网站新闻的整理、分类、聚合等工作,都是由计算机自动完成的。

上述提到的词袋模型属于离散式表示(Discrete Representation),在这种表示方法中,每个词都是独立的,忽略了词序问题。可以通过增加二元或者三元的词语组合特征来获取局部的上下文信息。

再回到刚才的例子,如果以 Bigram(即二元语言模型,把句子中每两个词组成一个单元)为例重新构建词典,就会在原来词典的基础上增加“我 喜欢”“喜欢 听”等二元词语组合,构成新的向量空间,词表的长度从原来的 20 增加到 41。

除了离散式表示外，还有另外一类，被称为分布式表示（Distributed Representation）。它的思路是通过训练，将每个词都映射到一个较短的词向量上来。所有的这些词向量就构成了向量空间，进而可以通过简单的向量运算来研究词与词之间的关系。例如，word2vec、Glove、Bert 等预训练模型，利用神经网络从大量无标注的文本中提取有用信息而产生的向量，基于各种语料库预训练好的词向量广泛地应用于各种下游任务，取得了不错的效果。有兴趣的读者可以继续阅读相关参考文献。

2.4　知识图谱

2.4.1　什么是知识图谱

我们先从一张图来直观地感受一下什么是知识图谱，图 2-6 显示了“人工智能”这一概念的知识图谱，图中有圆圈和带箭头的边，其中圆圈是节点，可以理解为知识图谱里的实体或者概念，节点之间有一些带箭头的边，表示实体之间的关系。从图 2-6 中可以方便地解读出这些信息，例如“人工智能的简称是 AI”“人工智能的英文翻译是 Artificial Intelligence”“人工智能的提出地点是 Dartmouth 学会”“人工智能的提出时间是 1956 年”等。

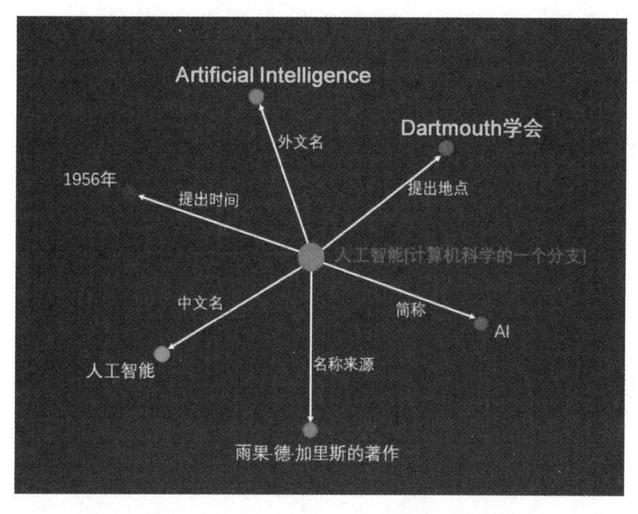

图 2-6　知识图谱的样例

不难看出，知识图谱的本质上是一种大型的语义关系网络，旨在描述客观世界的实体或概念及其之间的关系。节点表示实体或概念，边表示关系，它是一种从关系的视角来看世界、建模万物的技术方法。

2.4.2 知识图谱的表示

知识图谱是一个巨大的语义关系网络，那么知识图谱是被如何存储或者表示的呢？构成知识图谱的核心就是三元组：实体（Entity）、属性（Attribute）、关系（Relation），三元组的基本表现形式是“实体 1-关系-实体 2”和“实体-属性-属性值”，表示实体 1 与实体 2 之间有某种关系，或者实体在某个属性上的取值是多少。下面分别举例说明什么是实体和关系。

实体：具有可区别性且独立存在的某种事物。如一座城市、一个国家、一本书、一个人、一种动物、一种植物等，都是实体。实体是知识图谱中最基本的元素，不同的实体间存在不同的关系。

关系：用于连接不同类型的实体，指代实体之间的联系。通过关系把知识图谱中的节点连接起来，形成一张大图。例如，香港属于中国（香港 属于 中国），中国的首都是北京（中国 首都 北京）。

请大家思考一下，为什么要用三元组来描述知识图谱？通过上面的例子，不难发现三元组非常容易被人解读，这种结构又便于计算机来加工处理，而且它的形式也非常简单，因此综合考虑人的易读性、计算机的易处理性等因素，目前的知识图谱多采用三元组的形式进行表达。基于知识图谱中已有的三元组，可以推导出新的关系。例如，如果已知如下三元组：（香港 属于 中国）、（中国 属于 亚洲），则可以推导出新的三元组：（香港 属于 亚洲）。知识图谱需要拥有丰富的实体关系，才能真正实现它实用的价值。

2.4.3 开放域知识图谱有哪些

下面介绍四个典型的开放域知识图谱：Freebase、Wikidata、ConceptNet、CN-DBpedia。

1. Freebase

Freebase 是一个由元数据组成的大型合作知识库，内容主要来自其社区成员的贡献，同时整合了许多网上的资源，包括部分私人 wiki 站点中的内容。Freebase 由美国软件公司 Metaweb 于 2007 年 3 月公开运营，旨在打造一个允许全球所有人和机器都能快捷访问的资源库。2010 年 7 月，Freebase 被 Google 收购，2016 年，Freebase 已经停止更新，全部数据迁移至 Wikidata。Freebase 的整体设计很有意思，在知识图谱设计上很具代表性。Freebase 包含超过 3900 万个真实世界的实体，如人、地点和事物、媒体等，数据涉及的话题和知识类型也非常广泛。Freebase 的基本数据结构包括以下内容。

（1）Topic：主题，表示实例或实体，每条信息叫作 Topic，也就是可以在知识库中查到的一个条目，如“中国”就是一个实体。

（2）Type：类型或概念，是对具有相同特点的实体集合的抽象，每个主题可以属于多个类型，如“中国”可以抽象为“国家类型”。

（3）Domain：域，类型的集合，处于类型之上，是对某一领域所有类型的抽象，所有相关的类型组成一个“域”，如“国家”“城市”“区域”等类型抽象起来，就形成了地理位置域。

（4）Property：属性，是对实体之间关系的抽象，每个类型都有一套固定的属性，其值默认可以有多个，因此同类信息可以直接比较和关联。如“中国”作为一个国家，有“首都”“人口”“面积”等属性。

2. Wikidata

Wikidata（维基数据）由维基百科于 2012 年启动，早期得到微软联合创始人 Paul Allen、Gordon Betty Moore 基金会以及 Google 的联合资助。WikiData 的目标是构建一个自由开放、多语言、任何人或机器都可以编辑修改的大规模链接知识库。Wikidata 作为一种结构化数据的集中存储，为其他维基媒体（Wikimedia）项目提供支撑，包括 Wikipedia（维基百科）、Wikivoyage（维基导游）、Wikitionary（维基字典）、Wikisource（维基文库）等。WikiData 继承了 Wikipedia 的众包协作的机制，但与 Wikipedia 不同，WikiData 支持的是以三元组为基础的知识条目（Items）的自由编辑，一个三元组代表一个关于该条目的陈述（Statements）。例如，可以给“红楼梦”的条目增加（红楼梦，创作年代，清代）、（红楼梦，别名，石头记）、（红楼梦，作者，曹雪芹）等不同内容的三元组陈述。截至 2020 年，WikiData 已经包含超过 80 807 868 个实体，而这些实体之间的关系达到 1 014 736 155 个。

类似于Python中所有对象都继承自object类,Wikidata知识图谱中所有知识元素的顶层是Value对象。所有Value对象被划分为DataValue和Entity两类,Entity又分为Datatype、Item和Property,结构如图2-7所示。

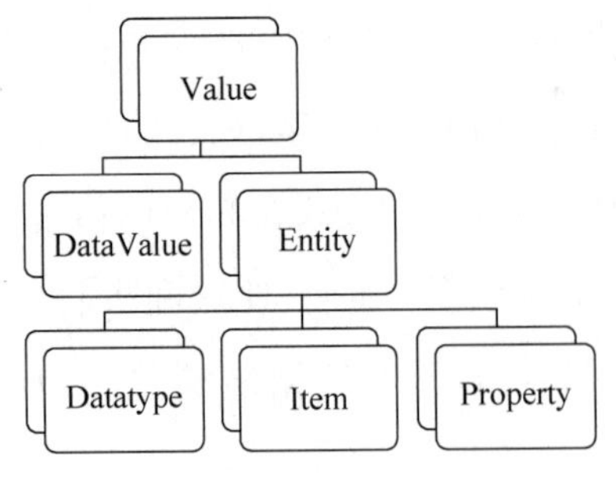

图2-7 Wikidata知识图谱模型

Item可以与我们通常说的实体相对应,包括各类概念和实例,如人、动物、国家、事件等。Property是实体属性,Wikidata的Property其实包括了属性和关系。例如,要在知识库中增加我国功勋科学家"杂交水稻之父"袁隆平院士的信息,Property可以是"国籍""出生日期""性别"等属性,也可以是"毕业院校""主要成就""代表作品"等关系,它们在本质上并没有区别,都是结构化的信息。Item和Property构成了Wikidata知识模型最核心的概念,Datatype和DataValue则是知识图谱细化到数据层面的概念,Datatype表明了属性的数据类型,如字符串、数字等,DataValue则是数据类型的值,如字符串值、数量值、时间值、地理位置坐标值等。

3. ConceptNet

ConceptNet是一个免费开源的语义网络(Semantic Network),也是一个知识图谱,起源于众包项目:开放思维常识(Open Mind Common Sense,OMCS),这里解释一下众包的概念,众包是指公司或者机构把通常由雇员完成的任务拆分成众多迷你任务,然后在网络平台上批量发布,通过广泛招募志愿者/付费工作者来完成任务的过程。OMCS项目于1999年在麻省理工学院媒体实验室启动,也有很多地方也将ConceptNet叫作常识知识库(Knowledge Base, KB)。ConceptNet旨在帮助计算机理解人们使用的词语的含义,其中词语通过带标签(表示边的类型)和权重(表示边的可信程度)的边相互连接。目前,ConceptNet 5已经包含2800万个关系描述和800万个以上的节点。它的英语词汇包含约1 500 000个节点,并且它包含83种语言,其中每个至少包含10 000个节点。

ConceptNet知识库的形式利用了三元组的关系型知识,它由一些代表概念的节点构成,这些概念以自然语言的单词或者短语形式表达,并且标识了这些概念的关系。ConceptNet采用了非形式化、更加接近自然语言的描述,比较侧重于词与词之间的关系。ConceptNet知识库包含了大量计算机应该了解的世界信息或常识知识,这些信息有助于计算机做更好的搜索、回答问题以及理解人类的意图。

4. CN-DBpedia

CN-DBpedia 是由复旦大学知识工场实验室研发并维护的大规模通用领域结构化百科，其前身是复旦 GDM 中文知识图谱，是国内最早推出的也是目前最大规模的开放百科中文知识图谱，涵盖数千万实体和数亿级的关系。CN-DBpedia 以通用百科知识沉淀为主线，主要针对单数据源中文百科类网站（如百度百科、互动百科、中文维基百科等）进行深入挖掘，经知识抽取、知识清洗、知识填充以及知识更新等操作后，最终形成一个中文通用百科知识图谱，可以供计算机和人访问使用。CN-DBpedia 自 2015 年 12 月发布以来已经为智能问答、智能机器人、智慧医疗、智慧软件、智慧教育等领域提供了支撑性知识服务。CN-DBpedia 将知识整理归纳成三元组形式，如表 2-5 所示。

表 2-5　CN-DBpedia 知识图谱样例

属　性　名	属　性　值
中文名	袁隆平
主要成就	1995 年当选为中国工程院院士
主要成就	2000 年获得国家最高科学技术奖
主要成就	2006 年当选为美国国家科学院外籍院士
主要成就	中国研究与发展杂交水稻的开创者
代表作品	《袁隆平论文集》《两系法杂交水稻研究论文集》《杂交水稻育种栽培学》
出生地	北京
出生日期	1930 年 09 月 07 日
国籍	中国
性别	男
毕业院校	西南农学院（现西南大学）
民族	汉族
籍贯	江西省九江市德安县
职业	杂交水稻专家
逝世日期	2021 年 05 月 22 日

复旦大学知识工场实验室提供全套 API（应用程序编程接口），并且免费开放使用，有兴趣的读者可以自行查询访问。

2.4.4　知识图谱可以做什么

知识图谱由 Google 公司在 2012 年提出，最早应用于搜索引擎，作为一种应用型技术，知识图谱在自然语言理解、智能问答、推荐系统、大数据分析等多个领域都展现出丰富的应用价值，支撑了很多行业的具体应用，下面就典型的应用举例说明。

1. 语义搜索

万维网之父蒂姆·伯纳斯-李（Tim Berners-Lee）曾经指出："语义搜索的本质是通过数学来摆脱当今搜索中使用的猜测和近似，不再拘泥于用户所输入请求语句的字面本身。"不难理解，语义搜索是要透过现象看本质，精准理解用户的搜索意图，准确地捕捉到用户所输入语句后面的真实意图，并以此来进行搜索，从而更准确地向用户返回最符合其需求的搜索结果。看下面的例子，如图2-8所示，在搜索引擎中搜索"西游记的作者"，借助知识图谱，系统返回的结果是吴承恩的照片、介绍等相关信息，这正是用户需要的。如果是传统的搜索引擎，因为"西游记"一词的热度较高，按照搜索策略，很有可能返回的信息全是"西游记"著作介绍、电视剧等相关内容，这并不是用户真正想要的结果。再例如，在网络上搜索"手机 充电线"，这里用户的意图显然是要搜索一个充电线，而不是一个手机，这个时候应该反馈给用户若干种型号的充电线予以选择，而非手机的信息。

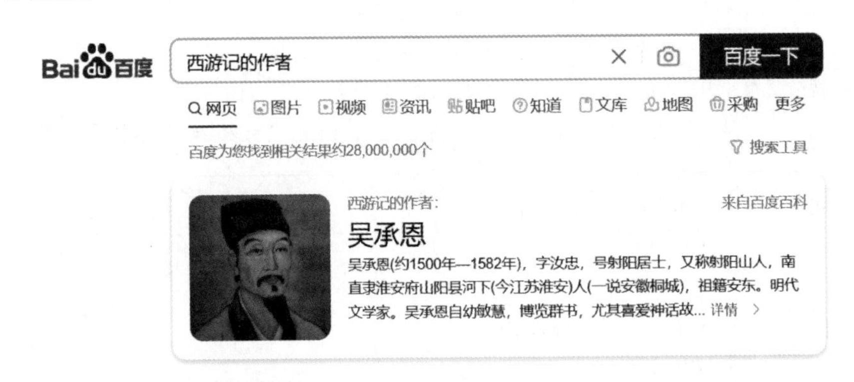

图2-8 百度语义搜索

2. 自然语言理解

知识图谱中的知识可以作为理解自然语言中实体和关系的背景信息，自然语言理解越来越多地走向知识引导的道路。对于自然语言理解任务，如上下文相关的实体消歧，关系模式是一个有用的信息。例如，假设我们要对句子 Michael Jordan plays basketball in Chicago Bulls 进行实体识别，Michael Jordan 可以是篮球运动员，也是计算机科学家，具有歧义性。而 Chicago Bulls 几乎可以确定是人们熟知的篮球队伍，再结合上面列举的 play basketball 所具有的关系模式，实体识别模型便可以获得额外特征，即 Michael Jordan 更有可能代表篮球运动员。目前，自然语言处理与知识图谱正走向一条交叠演进的道路。借助知识图谱中结构化的知识，自然语言处理模型的能力越来越强大，将会帮助我们实现更为精准的、自动化的信息抽取，从而形成一个质量更好、规模更大的知识库，更好的知识库又可以进一步壮大自然语言处理模型。

3. 智能问答

人与机器通过自然语言进行问答与对话是人工智能实现的关键标志之一。知识图谱也被广泛用于人机问答交互中，即智能问答，知识图谱是实现智能问答的必要模块。智能问答从某种程度上来说，可以看作语义搜索的延伸，我们把语义搜索的结果按照某种规则进行排序，依据一定的算法将语义最相关的排在前面并反馈给用户，这就实现了智能问答中的一问一答，就像聊天一样，不断进行问答，回答不仅仅是在知识库搜索，还要考虑前面的聊天内容。举个例子，当用户对事实性问题提问时，如“金庸是哪里人?”“美国的首都是哪里?”，这些客观问题对应的答案是现实世界中的一个或多个实体，我们可以利用知识图谱方便地给出答案，“浙江嘉兴”和“华盛顿”。

4. 推荐系统

将知识图谱作为一种辅助信息集成到推荐系统中，有两方面的优势，其一是能够为用户提供更加精准的推荐，其二是能够为推荐系统提供可解释性。目前，推荐系统在实际生活中已经有很多的应用场景，如我们熟知的购物、电影、音乐、新闻、教育等。知识图谱可以用来表示实体之间的关系，在电子商务的场景中，可以将商品及其属性信息映射到知识图谱中，以理解商品之间的相互关系，此外，还可以将用户之间的关系整合到知识图谱中，更准确地了解用户和商品之间的关系以及用户的偏好。其实，用户与商品、商品与商品、用户与用户本身就符合知识图谱结构的特性，所以将知识图谱技术运用到推荐系统中是水到渠成的事。举一个例子，例如，小张购买了《数据挖掘》这本书，那么推荐系统可以根据知识图谱，推荐同一作者的书，或者主题相同的书，如《机器学习》《人工智能》等。而且这种推荐的结果是有迹可循的，也就是能够解释清楚为什么会这样推荐。

2.5　本章小结

(1) 自然语言处理就是研究如何让计算机处理或“理解”自然语言的学科，是目前人工智能领域非常火热的分支。

(2) 自然语言处理的基础研究包括：分词、词性标注、短语表示和分析、句法分析、语义分析、篇章理解。

(3) 自然语言处理的核心技术包括：自动问答、机器翻译、信息检索、信息抽取、文本分类、知识工程、推荐系统、情感分析。

(4) 文本表示是通过某种形式将文本字符串表示成计算机所能处理的数值向量，有离散式表示和分布式表示。

(5) 知识图谱的本质上是一种大型的语义网络，旨在描述客观世界的实体或概念及其之间的关系。

(6) 三元组的基本表现形式是"实体 1-关系-实体 2"和"实体-属性-属性值"。

1. 试举例说明什么是自然语言和编程语言。

2. 自然语言处理的研究内容是什么？

3. 谈谈中文分词处理的困难有哪些。

4. 文本表示都有哪些方法？

5. 谈谈词袋模型的优缺点。

6. 在文本理解时，对句子中的人名、地名、机构名进行识别，这属于自然语言处理中的(　　)环节。

A. 分词　　B. 命名实体识别

C. 词性标注　　D. 去除停用词

7. 下面属于知识图谱的应用是(　　)。

A. 百度　　B. Google　　C. 淘宝　　D. Siri 助手

8. 简述知识图谱的表示方式。

第3章

让机器认识图片：图像处理

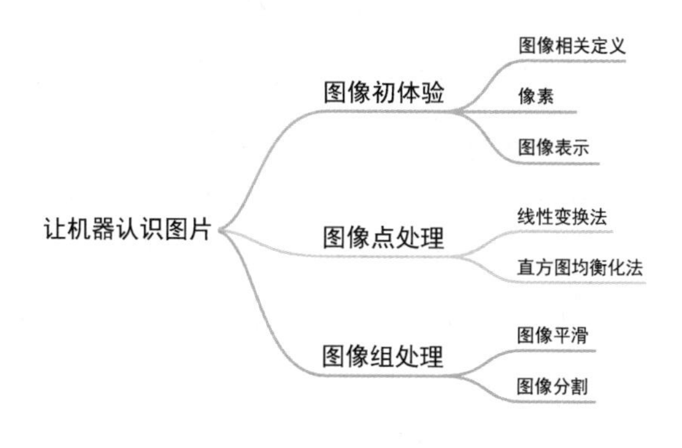

3.1 图像初体验

1. 图像

图像(Image)是用各种观测系统以不同形式和手段(如照相机)观测客观世界而获得的,可以直接或间接作用于人眼,进而产生视知觉的实体。如照片、绘画作品、剪贴画、地图、书法作品、传真文件、卫星云图、影视画面、X光片、脑电图、心电图等都是图像。

数字图像(Digital Image)是对连续图像数字化或者离散化的结果,也称离散图像。

本书讨论的基本都是电子设备获得的且借助计算机技术加工的数字图像，在不引起歧义时均称为图像。

2. 像素

图 3-1 像素示例

在介绍像素之前，请大家思考一下你会选择使用什么样的方式来表示这个五彩斑斓的世界呢？

像素(Pixel)的示例如图 3-1 所示，它是一张由一个个小方块所组成的图片，其中的一个个小方块就是像素。如果用更为专业一点的术语来解释的话，那就是：原始采集的数字图像一般采用光栅图像的形式存储，将图像区域分成很小的单元(一般都是小正方形)，在每个单元中，使用一个介于最大值和最小值之间的**灰度值**来表示该单元处图像的亮度。

像素一般具有相同的形状和尺寸，但可以有不同的属性(如灰度)。此处为大家引入一个新名词——分辨率。分辨率与其单位长度内所选取的像素数成正比，所以像素数越多，图像的空间分辨率也就越高。人们所看的视频有不同的分辨率，分辨率低表示它在单位长度内像素分割过少，使得每个像素块过大，让人眼感受到了每个像素颜色的变化。而对于高分辨率的图像，其每个像素之间就是连续的吗？其实这只是一种"视觉欺骗"，因为那一个个表示像素的小方块实在太小了，已经超越了人眼的分辨能力，所以看起来才会像连起来一样。

【知识拓展】

灰度值(Gray Value)是把白色与黑色之间按对数关系分成若干级，称为"灰度等级"。范围一般为 0～255，0 为黑色，255 为白色，故黑白图片也称为灰度图像，在图像识别领域拥有广泛用途。

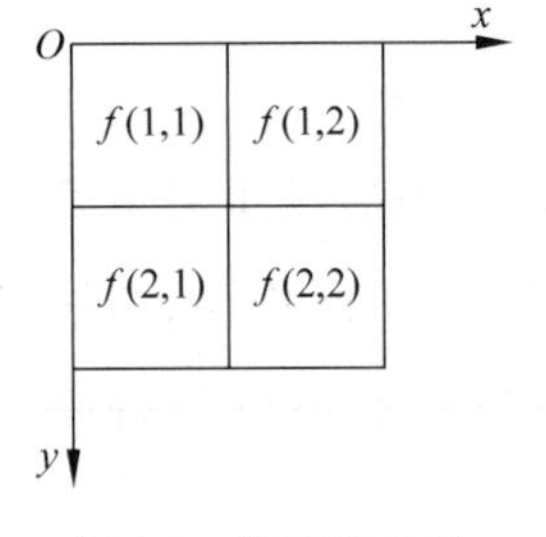

图 3-2 像素表示图

3. 图像表示

使用一个二维函数 $f(x,y)$来表示一张灰度图像，那怎么理解这个函数的表示形式呢？可将它放在直角坐标系中来理解，但此刻仅使用直角坐标系的第四象限。为了方便表示，此处 y 轴的正方向朝下。因此，上述函数 $f(x,y)$中的 x 表示 x 轴，y 表示 y 轴。接下来将一张图片的左上角与直角坐标系的原点重合。如图 3-2

所示，我们可以使用 $f(1,1)$ 来表示第一行、第一列小方格的数值。

接下来，如式(3-1)所示，用二维 $m \times n$ 矩阵来表示一幅二维图像：

$$\boldsymbol{M}=\begin{bmatrix} f_{11} & \cdots & f_{1n} \\ \vdots & \ddots & \vdots \\ f_{m1} & \cdots & f_{mn} \end{bmatrix} \tag{3-1}$$

其中 f_{11} 表示第一行、第一列的像素值，f_{mn} 表示第 m 行、第 n 列的像素值。

1）二值图像

二值图像(Binary Image)，见图 3-3(a)(案例图片为**莱娜图**)。二值图像，顾名思义，只有两个值，即 0 和 1，其中 0 表示黑，1 表示白；或者 0 表示背景，1 表示前景。因此保存也相对简单，每个像素只需要 1 位就可以完整存储信息。如果把每个像素看成随机变量，共有 n 个像素，那么二值图像有 2^n 个变化，而 8 位灰度图像就会有 256^n 个变化，8 位 RGB 图像将会有 $(256\times256\times256)^n$ 个变化。因此对于同样尺寸的图像，二值图像保存的信息更少。

(a) 二值图像

(b) 灰度图像

(c) 彩色图像

图 3-3　三种图像的示例

2）灰度图像

灰度图像(Gray Image)，见图 3-3(b)，是二值图像的进化版本，是彩色图像的退化版本，灰度图像保存的信息没有彩色图像多，但比二值图像多，灰度图像只包含一个通道的信息，而彩色图像通常包含三个通道的信息，单一通道可以理解为单一波长的电磁波，所以红外遥感等单一通道电磁波产生的图像均为灰度图像，且灰度图像易于采集和传输，因此基于灰度图像开发的算法非常丰富。

灰度图像是每个像素只有一个**采样**颜色的图像，这类图像通常显示为从最暗的黑色到最亮的白色的灰度。灰度图像与二值图像不同，在计算机图像领域中二值图像只有黑色与白色两种颜色,但灰度图像在黑色与白色之间还会有许多级的颜色深度。因此灰度图像经常是在单个电磁波频谱(如可见光)内测量每个像素的亮度得到的,用于显示的灰度图像通常用每个采样像素 8 位的非线性尺度来保存,这样就可以有 256 级灰度(如果用 16 位,则有 65 536 级灰度)。

【知识拓展】

采样(Sampling)。先举一个形象的例子,例如,要化验一亩地中土壤的酸碱性,我们需要将所有的土壤都拿来化验吗?完全不需要,可以通过采样方法来化验。如果采样的土壤里,恰巧有个西红柿曾腐烂在那里,那么它的酸性肯定大,但它不能代表这块地整体的土壤特性,所以需要用科学的方法进行采样。对于固体粉末的采样,可将粉末搅匀并堆成一个圆柱体,然后均匀地切成四等份,取位置对称的两块,然后再将它们堆成圆柱体后再进行切分,这样采样的粉末就有一定的代表性,这就是采样的过程。

3) 彩色图像

彩色图像(Color Image),见图 3-3(c),每个像素通常是由红(R)、绿(G)、蓝(B)三个分量来表示的。红色、绿色、蓝色三个通道都以灰度显示,用不同的灰度色阶来表示红色、绿色、蓝色在图像中的比重。通道中的纯白色代表该色光在此处的最高亮度,亮度级别是 255。最终,颜色由三原色叠加而成。

三种图像的颜色、数据和存储形式对比如表 3-1 所示。

表 3-1 三种图像的对比

对比内容	二值图像	灰度图像	彩色图像
颜色	黑白(2)	黑灰白(256)	彩色(256^3)
数据	0、1	0～255	三通道(0～255)
存储形式	二维矩阵	二维矩阵	三维矩阵

【知识拓展】

莱娜图。莱娜图源于美国南加州大学图像与信号研究所电气工程副教授 Alexander Sawchuk 的一次偶然相遇,当时他的团队希望找一幅引人注目的图像来测试最新的图像压缩算法。碰巧《花花公子》杂志上莱娜的图像吸引了他们,于是他们便将这期杂志的插页图扫描了下来，截取其中的一部分作为研究使用的样例图像，这幅 512×512 像素的经典图像就诞生了。当然，选择莱娜图的原因不仅因为她的美丽，而是这张图片混合了折痕、色彩与纹理等复杂元素，是当时做算法测试的完美选项。

4. 图像处理

图像处理是一门用计算机对图像信息进行处理的技术，主要包括点处理、组处理、几何处理和帧处理四种方法。

点处理方法是处理图像最基本的方法，处理对象是像素。点处理方法简单有效，主要用于图像亮度调整和图像**对比度**调整等。

组处理方法处理的范围比点处理方法处理的范围大，处理对象为一组像素，因此又叫区处理方法或块处理方法。组处理方法在图像上的应用主要表现在：检测图像边缘、图像柔化和锐化、增加和减少图像随机噪声等。

几何处理方法是指经过运算，改变图像的像素位置和排列顺序，从而实现图像的放大与缩小、图像旋转、图像镜像以及图像平移等效果的处理过程。

帧处理方法是指将一幅以上的图像以某种特定的形式合成在一起，形成新的图像。其中，特定的形式是指：通过“**逻辑与**”“**逻辑或**”等逻辑运算关系进行合成，通过相加或相减进行合成，以及通过图像覆盖或取平均值进行合成等。图像处理软件通常具有图像的帧处理功能，并且以多种特定的形式合成图像。

本书主要针对点处理和组处理进行相关的讲解，几何处理将通过案例展示。

【知识拓展】

对比度(Contrast Ratio)指的是一幅图像中明暗区域最亮的白和最暗的黑之间不同亮度层级的测量，差异范围越大代表对比越大；差异范围越小代表对比越小。对比度 120∶1 可显示生动、丰富的色彩。

逻辑与(AND)、**逻辑或(OR)**是计算机编程中一种常见的运算，其中“逻辑与”使用“&&”来表示，含义为操作数 1 和操作数 2 中有一个为假，结果就为假；只有两个操作数都为真时，结果才为真。“逻辑或”使用“||”来表示，含义为操作数 1 和操作数 2 中有一个为真，结果就为真；只有两个操作数都为假时结果才为假。逻辑与、逻辑或的真值表见表 3-2。

表 3-2　逻辑与、逻辑或的真值表

操作数 1	操作数 2	操作数 1&& 操作数 2	操作数 1 ‖ 操作数 2
真	真	真	真
真	假	假	真
假	真	假	真
假	假	假	假

3.2　图像点处理

什么是点处理(Point Operation)呢？点处理可以理解为运算结果仅与该点自己的灰度值有关，常用的方法有线性变换和直方图均衡化。

点处理方法是对像素的灰度值进行变换，是一种点到点的变换，即输出图像每个像素点的灰度值仅由对应的输入像素点的灰度值决定。可描述为 $G(x,y)=F(g(x,y))$，其中(x,y)是像素的坐标，$g(x,y)$是像素(x,y)原来的灰度值，F 是灰度值的变换函数，$G(x,y)$是像素(x,y)变换后(增强后)的灰度值。可以看出，点运算的关键是寻找合适的 F 函数，F 的自变量是灰度值 $g(x,y)$，与像素的坐标(x,y)没有任何关系。

1. 线性变换

通俗地讲，线性变换(Linear Stretch)即比例变换，即因变量和自变量之间存在固定的比例系数，该系数为常数。灰度变换函数 F 为线性函数，如式(3-2)所示：

$$G=F(g)=k\cdot g+b \tag{3-2}$$

其中 k、b 为参数，g 是图中某一点的灰度值。

当 $k>1$ 时，输出图像对比度增大，如图 3-4(b)所示；当 $k<1$ 时，输出图像对比度降低，如图 3-4(c)所示；当 $k=1,b\neq0$ 时，输出图像的灰度值上移或下移，其效果是使整个图像更亮或更暗，如图 3-4(d)所示。

2. 直方图均衡化

灰度直方图(Histogram)是灰度级的函数，它表示图像中具有某种灰度级的像素的个数，反映图像中每种灰度的出现频率。如图 3-5(b)所示，其为 3-5(a)灰度图的灰度直方图，横坐标是灰度级，纵坐标是该灰度级出现的次数，是图最基本的统计特征。

(a) 原图

(b) G=1.5g

(c) G=−g+255

(d) G=g+50

图 3-4 线性变换示例

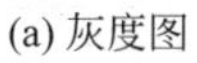

(a) 灰度图

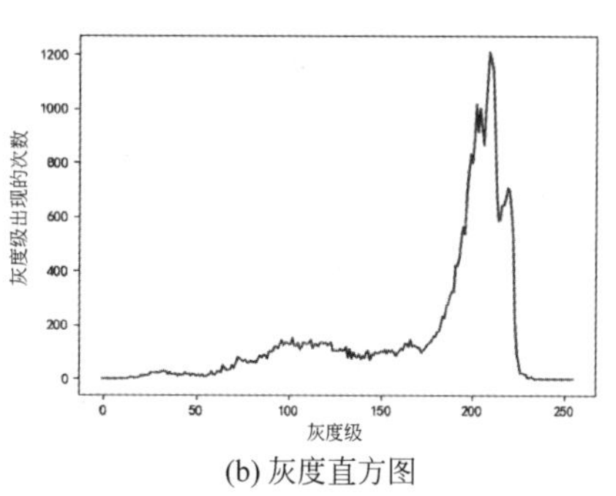

(b) 灰度直方图

图 3-5 直方图示例

直方图的优点有很多，直方图能反映图像概貌，例如，图像中有几类目标，目标和背景的分布如何，通过直方图可以直接计算图像中的最大亮度、最小亮度、平均亮度、对比度以及中间亮度等，还可以使用直方图完成图像分割、目标检索等。因为不同的目标具有不同的颜色分布，使用归一化的直方图进行目标匹配，还不易受到目标翻转和目标大小变化的影响。且在图像查询的系统中，用直方图存储目标，具有特征占有空间小且执行速度快等优点。

但直方图也存在一些缺点，因其没有记录位置信息，不同的图像可能会有相同或相近的直方图。一幅图像旋转、翻转后的直方图是相同的，所以放大、缩小后的直方图是相近的。

式(3-3)表示原图像到新图像的变换函数：

$$S_k = \sum_{j=0}^{k} \frac{n_j}{n}, \quad k = 0, 1, \cdots, L-1 \tag{3-3}$$

其中，L 为灰度级，n 为图像中像素的总数，n_j 表示灰度值为 j 的个数，S_k 表示像素值为 k 的累计概率。

式(3-3)可以理解为把一幅图的像素值按照从小到大的顺序进行排序，统计图像中每种像素值出现的个数，计算每种像素值出现的概率以及**累计概率(S_k)**。最后，使用

255乘以每种像素值的累计概率就是映射后的新像素值。

【知识拓展】

累计概率(Cumulative Probability)用于描述随机变量落在任一区间上的概率,常被视为数据的某种特征。它的运算方式是将包括自身及之前的概率累加,具体运算过程见下面的示例。

50	30	30	100
10	50	70	50
255	255	50	50
10	70	50	50

图3-6　一幅图像的像素值

一幅图像的像素值如图3-6所示,设置像素级为255(即$L=255$),使用式(3-3)对像素值进行统计,如表3-3所示。

表3-3　直方图均衡化计算统计表

像素值	像素次数	概率	累计概率	新像素值
10	2	12.5%	12.5%	31.875
30	2	12.5%	25%	63.75
50	7	43.75%	68.75%	175.3125
70	2	12.5%	81.25%	207.1875
100	1	6.25%	87.5%	223.125
255	2	12.5%	100%	255

表3-3中的第一列表示像素值,第二列表示该像素值出现的次数,第三列表示该像素值出现的概率。如像素值10,所有像素值共出现16次,其中,10出现了两次,则它的概率为12.5%。第四列表示累计概率,简单来说就是将之前的概率相加,像素值10只有自身,所以为12.5%,像素值30则是将像素值10和自身的概率相加,之后的像素值累计概率的计算方式以此类推。第五列为新像素的值,表示依据累计概率重新分配新像素值,具体计算方式为将自身的累计概率乘以255。

观察整个计算过程,再结合名字进行均衡化,不难发现,直方图均衡化只是使用概率这个媒介对整幅图像的像素值进行了重新分配,避免了像素相差太大,从而起到了均衡化的作用。

3.3　图像组处理

组处理比点处理的处理范围大,其处理对象是一组像素。本节使用组处理对图像

进行图像平滑和图像分割，以便读者更好地了解组处理。

3.3.1 图像平滑

1. 图像噪声

图像噪声按照其产生的原因可以分为外部噪声和内部噪声，外部噪声是指系统外部干扰以电磁波或经电源串进系统内部而引起的噪声。如电气设备因天体放电现象等引起的噪声，可以看到图3-7中的水平条纹，即受到了外界电源干扰的红外图像。

内部噪声一般可分为下列4种。

(1) 由光和电的基本性质所引起的噪声，如粒子运动的随机性。

(2) 由电器的机械运动产生的噪声，如各种接头的抖动引起的电流变化，磁头、磁带的振动。

(3) 由元器件材料本身引起的噪声，如磁盘的表面缺陷、胶片的颗粒性。

(4) 由系统内部设备电路所引起的噪声，如电源的噪声。

如图3-8所示，由于夜晚环境照度很低，摄像机的CCD(电耦合元件)传感器的电子噪声太大，得到的图像的**信噪比**很小。

图3-7 外部噪声示例

图3-8 内部噪声示例

【知识拓展】

信噪比(**Signal to Noise Ratio**)是指一个电子设备或者电子系统中信号与噪声的比例。信噪比是音频放大器中一个重要的性能指标，计量单位是分贝(dB)。一般来说，信噪比越大，说明混在信号里的噪声越小，声音回放的音质越高，否则相反。

2. 卷积核

卷积核(Convolution Kernel)可以用来刻画原图像的水平边缘。可以看作对某个局部的加权求和，它的原理是，在观察某个物体时，我们既不能观察每个像素也不能一次观察整体，而是先从局部开始认识，这就对应了卷积。卷积核的大小一般有 1×1、3×3 和 5×5 的尺寸（一般是奇数×奇数）。图 3-9 所示为一幅 4×4 的图像像素点。下面举例说明卷积核是如何工作的，如式(3-4)就是一个卷积核，可以把它看成一个矩阵，只是计算的方式不同。

1	2	3	4
5	6	7	8
9	10	11	12
13	14	15	16

图 3-9　原图像素

$$\textbf{Kernel}=\frac{1}{9}\begin{bmatrix}1&1&1\\1&1&1\\1&1&1\end{bmatrix} \tag{3-4}$$

计算流程：先使用式(3-4)中卷积核与图 3-10(a)中黑色小方块对应的位置相乘，再相加，也就是$\frac{1}{9}\times(1\times1+1\times2+1\times3+1\times5+1\times6+1\times7+1\times9+1\times10+1\times11)=6$。之后与图 3-10(b)、图 3-10(c)、图 3-10(d)执行相同的操作。最终结果如图 3-11 所示。

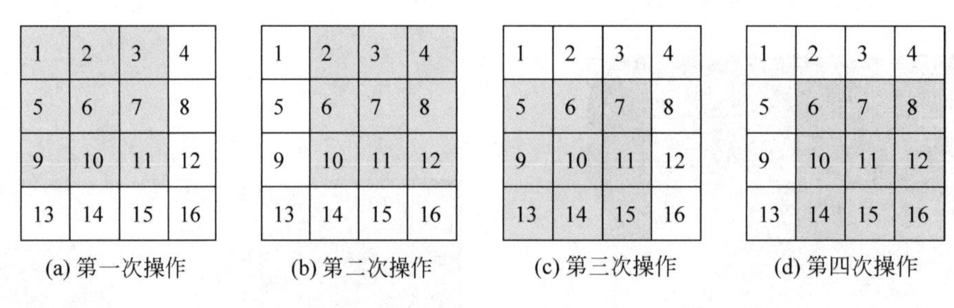

(a) 第一次操作　(b) 第二次操作　(c) 第三次操作　(d) 第四次操作

图 3-10　卷积操作

3. 均值滤波

均值滤波(Mean Filter)可以用来对目标图像的噪声进行抑制。采用线性的方法，平均窗口范围内的所有像素值，图 3-12 中所示的式子是常见的均值卷积核，图 3-13 所示为均值滤波示例。此外，均值滤波本身存在着固有的缺陷，不能很好地保护图像细节，在图像去噪的同时也破坏了图像的细节部分，从而使图像变得模糊，不能很好地去除噪声点，对**椒盐噪声**表现较差，对**高斯噪声**表现较好。

【知识拓展】

椒盐噪声(Impulse Noise)是数字图像中的常见噪声，一般是由图像传感器、传输信道及解码处理等产生的黑白相间的亮暗点噪声。

高斯噪声(Gaussian Noise)是指概率密度函数服从高斯分布(即正态分布)的一类噪声。

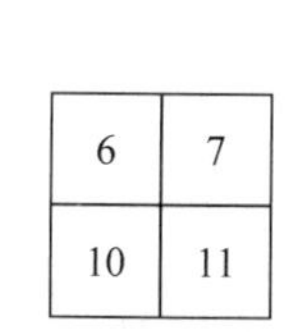

6	7
10	11

图 3-11　卷积操作结果

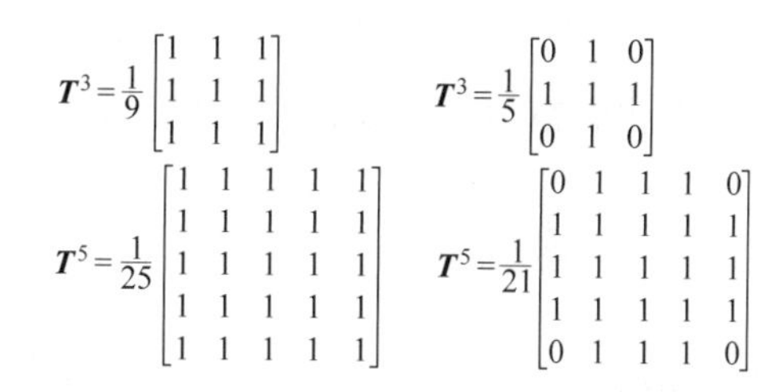

$$\boldsymbol{T}^3=\frac{1}{9}\begin{bmatrix}1&1&1\\1&1&1\\1&1&1\end{bmatrix}\qquad \boldsymbol{T}^3=\frac{1}{5}\begin{bmatrix}0&1&0\\1&1&1\\0&1&0\end{bmatrix}$$

$$\boldsymbol{T}^5=\frac{1}{25}\begin{bmatrix}1&1&1&1&1\\1&1&1&1&1\\1&1&1&1&1\\1&1&1&1&1\\1&1&1&1&1\end{bmatrix}\qquad \boldsymbol{T}^5=\frac{1}{21}\begin{bmatrix}0&1&1&1&0\\1&1&1&1&1\\1&1&1&1&1\\1&1&1&1&1\\0&1&1&1&0\end{bmatrix}$$

图 3-12　常见的均值卷积核

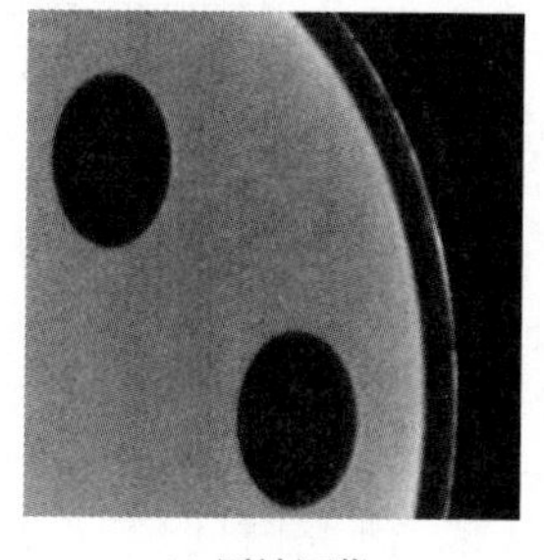

(a) 原始图像

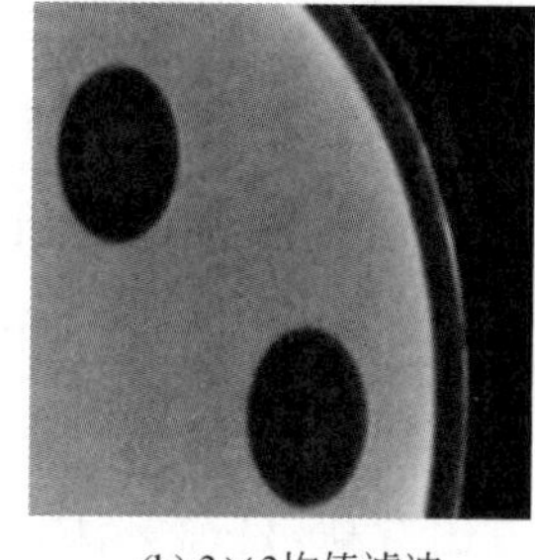

(b) 3×3均值滤波

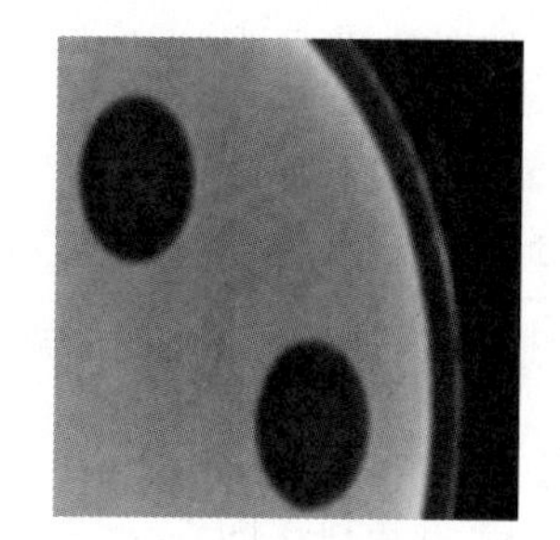

(c) 5×5均值滤波

图 3-13　均值滤波示例

4. 中值滤波

中值滤波(Median Filter)对脉冲噪声具有很好的去除效果,并且在去除过程中,能有效地保护信号的边缘,使之清晰,对椒盐噪声表现较好。中值滤波采用非线性的方法,与线性均值滤波相比有着很大的优势。此外,中值滤波的算法比较简单,也易于用硬件实现。图 3-14 所示为中值滤波示例。

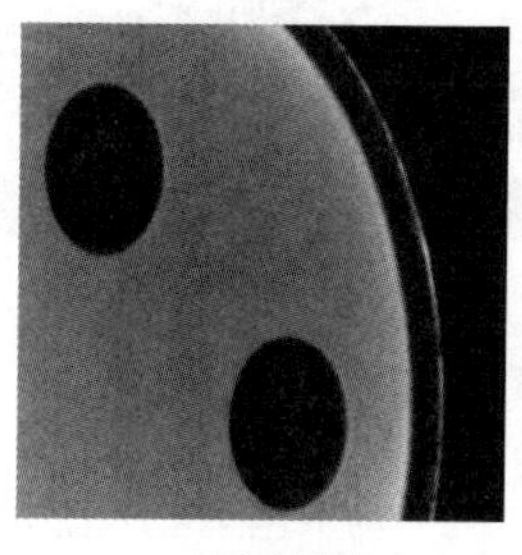

(a) 原始图像

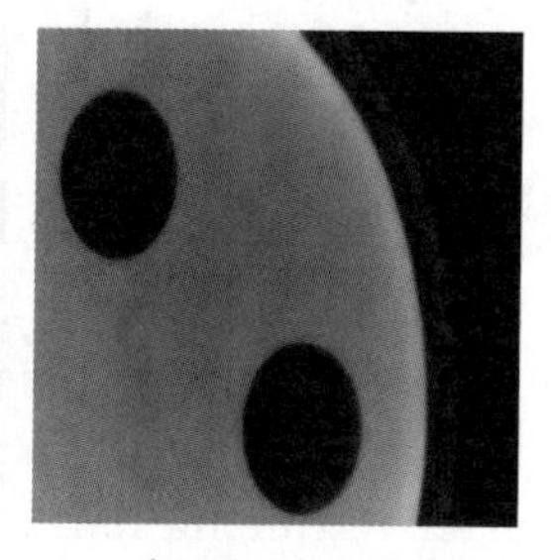

(b) 半径为5的滤波图像

图 3-14　中值滤波示例

具体方法为将当前像素点及其邻域内的像素点排序后取中间值作为当前值的像素点。中值：n 个数据进行排列后得到一个有序序列 $A_0 \cdots A_{n-1}$，其中 $A_{\frac{n-1}{2}}$ 称为中值。

例如，[1,2,3,100,**101**,102,106,108,109]的中值为101。

中值滤波：对于一个滑动窗口内 $n \times m$ 个像素按灰度级排序，用处于中间位置像素的灰度级来代替窗口中心像素原来的灰度级。中值滤波是一种排序滤波器。

3.3.2 图像分割

图像分割(Image Segmentation)是用来将图像分成若干独立子区域的一项技术。在图像研究和应用中，很多时候关注的仅是图像中的目标或前景(其他部分称为背景)，它们对应图像中特定的、具有独特性质的区域。为了分割目标，需要将这些区域分离提取出来，在此基础上才有可能进一步利用，如进行特征提取、目标识别。因此，图像分割是图像处理到图像分析的关键步骤，在图像领域占据着至关重要的地位。

图像分割主要分为如下两种：非语义分割和语义分割。

1. 非语义分割

非语义分割在图像分割中所占比重高，目前算法也非常多，研究时间较长，而且算法也比较成熟，此类图像分割算法有阈值分割、聚类分割和水平集分割等。

(1) 阈值分割(Threshold Segmentation)是图像分割中应用较多的一类，它的算法思想是给定输入图像一个特定阈值，这个阈值可以是灰度值或梯度值，如果某像素值大于这个阈值，则该像素点设定为前景像素值，如果小于这个阈值则该像素点设定为背景像素值。图3-15所示为阈值分割示例。

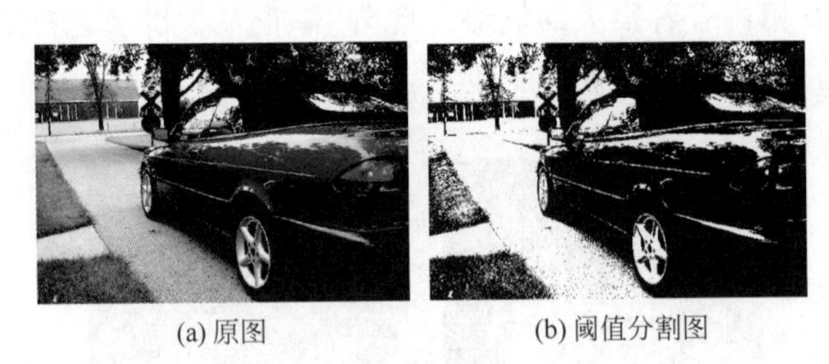

(a) 原图　　(b) 阈值分割图

图3-15　阈值分割示例

(2) 聚类分割(Cluster Segmentation)是一个应用非常广泛的无监督学习算法，该算法在图像分割领域也有较多的应用。聚类的核心思想就是利用样本的相似性，把相似的像素点聚合成同一个子区域。

（3）水平集分割（Level Set Segmentation）方法由 Osher 和 Sethian 提出，可以用于界面追踪。水平集使用光滑的距离函数来捕捉**相界面**，各个物理量可以在界面上光滑、连续地过渡，且相界面的捕捉效果好。在 20 世纪 90 年代末期被广泛应用在各种图像领域。图 3-16 所示为水平集分割示例图。

(a) 原图

(b) 水平集分割图

图 3-16　水平集分割示例

【知识拓展】

相界面（**Phase Interface**）是指物质的**两相**之间密切接触的过渡区。

两相系统（**Biphasic System**）也称为双向系统，是指所研究或指定的系统具有两种相态。自然界中物质的（相）状态有三种，分别为气态、液态和固态。不仅可以把其中两种相态所构成的系统都叫作两相系统，而且同一种相态下也可以构成两相系统。例如，生活中的油水混合物，油层与水层互不相溶，在油与水之间可以形成一个界面，这样的混合物也叫作两相系统。两相系统在生活中非常常见，也有相关的运用。

2. 语义分割

语义分割是计算机视觉中的基本任务，在语义分割中需要将视觉输入分为不同的语义可解释的类别，即分类类别在真实世界中是有意义的。举个简单的例子，例如，一幅图像中有两只猫，一条狗，还有背景，那么对于语义分割来说，就会将两只猫归为一类，一条狗归为一类，背景归为一类，并不会像非语义分割那样，进一步区分这两只猫。

对于这种特殊的要求，深度学习也提出了解决方案，如 FCN（全卷积）。现在的深度学习语义分割模型基本上都是基于 FCN 发展而来的，它是开山鼻祖，它衍生出了 SegNet、DeepLab 等一系列的算法，有兴趣的读者可阅读相关参考文献进一步了解相关算法思想。

3.4 本章小结

（1）图像处理是一门用计算机对图像信息进行处理的技术，也是目前人工智能领域非常火热的分支。

（2）图像处理的处理方式包括点处理、组处理、几何处理和帧处理。

（3）图像点处理表示通过变换自身的像素点来改变图像的亮度、对比度等。主要的方法包括线性变换和直方图均衡化。

（4）图像区处理表示通过考虑自身与周边的像素点，寻找图像的局部关系，对图像进行平滑和分割等。图像平滑主要有去除椒盐噪声的中值滤波和去除高斯噪声的均值滤波。图像分割针对不同的分割要求分为非语义分割和语义分割。

动动脑

1. 图3-9是一个4×4的图像像素点，在卷积运算后该图像变成了2×2像素，请思考下卷积运算后若想保持原先的尺寸，如何操作？

2. 对于椒盐噪声，为什么中值滤波效果比均值滤波效果好？

3. 卷积神经网络通常有哪几层？

4. 什么是GPU，与CPU有什么区别？

5. 一幅灰度级均匀分布的图像，其灰度范围为[0,255]，则该图像的信息量为（　　）。

A. 0　　B. 255　　C. 6　　D. 8

6. 图像与灰度直方图间的对应关系是（　　）。

A. 一一对应　　B. 多对一　　C. 一对多　　D. 都不对

7. 下列算法中属于局部处理的是（　　）。

A. 灰度线性变换　　B. 二值化　　C. 傅里叶变换　　D. 中值滤波

8. 下列算法中属于点处理的是（　　）。

A. 梯度锐化　　B. 二值化　　C. 傅里叶变换　　D. 中值滤波

9. 下列算法中属于图像平滑处理的是(　　)。

A. 梯度锐化　B. 直方图均衡　C. 中值滤波　D. Laplacian 增强

10. 一幅 256×256 像素的图像,若灰度级为 16,则存储空间所需要的大小是(　　)。

A. 256KB　B. 512KB　C. 1MB　D. 2MB

11. 采用模板[−1　1]主要检测(　　)方向的边缘。

A. 水平　B. 45°　C. 垂直　D. 135°

12. 二值图像中分支点的连接数为(　　)。

A. 0　B. 1　C. 2　D. 3

13. 图像灰度方差说明了图像(　　)属性。

A. 平均灰度　B. 图像对比度　C. 图像整体亮度　D. 图像细节

14. 数字图像处理研究的内容不包括(　　)。

A. 图像数字化　B. 图像增强　C. 图像分割　D. 数字图像存储

第4章

让机器听懂声音：语音识别

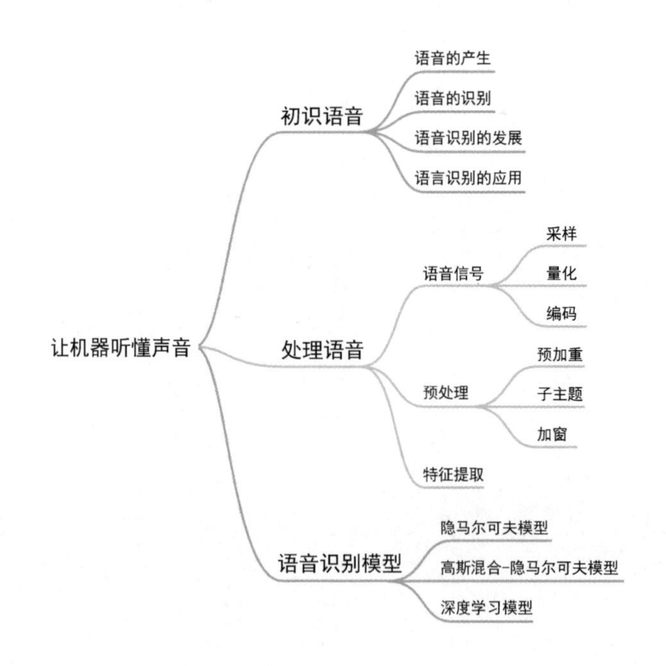

4.1 初识语音

本节首先初步介绍语音识别的相关基础，然后介绍语音识别的原理、方法及应用，从而使读者对语音识别有一个由浅到深的理解。

4.1.1　语音的产生

要想了解语音，首先需要区分语音和声音，声音存在于自然界和我们生活中。那么我们是怎么发出声音的呢？声音就是声带通过振动产生，然后由接收器官接收声音信号并通过神经元传导到大脑，由大脑进行判断和理解。而其中由人说话产生的具有词语意义的声音又被称为语音。

为了深入地理解并解析语音，研究学者将生物学上语音产生的过程具体化，变成数学上可以模拟的一个过程。研究者提出将语音的产生过程抽象成一个模型，主要包含三部分：激励部分、声道部分和辐射部分，如图4-1所示。激励部分负责模拟语音产生以及加入白噪声（将人能听到的声波频率均匀地混合在一起产生的噪声），之后经过声道模型，模拟口腔、鼻腔等器官，最后经过辐射模型，即模拟嘴巴。

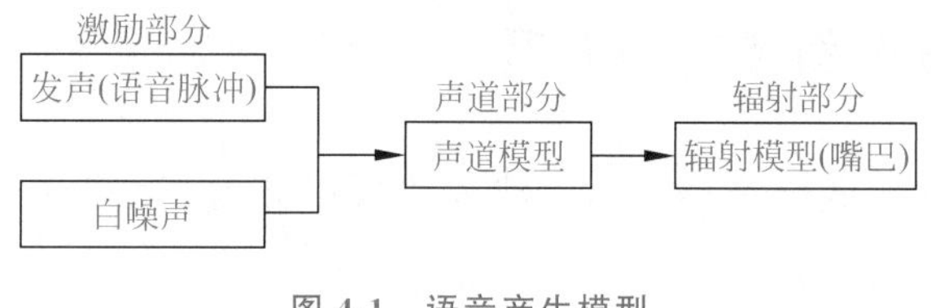

图4-1　语音产生模型

4.1.2　语音的识别

4.1.1节介绍了语音的产生过程可具体化成一个声学模型，那么如何进行语音识别呢？图4-2是“这是一个语音识别案例”的语音波形图（此图是使用Adobe Audition CS6软件打开的PCM格式文件），来看看语音识别过程是如何进行的。

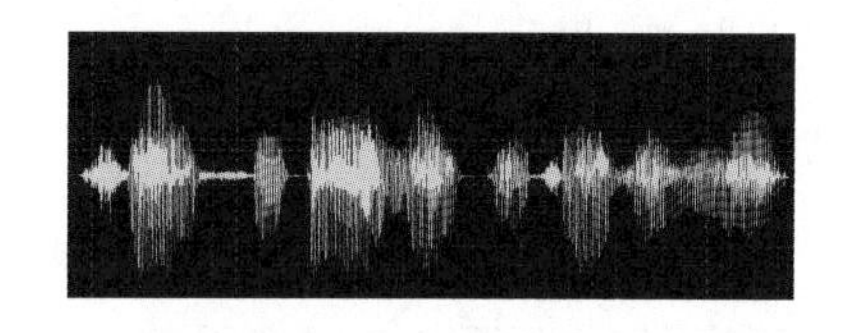

图4-2　语音信号

要想让机器理解语音，就必须要按照机器的工作方式输入语音。如人，当听到一段语音后，会经过大脑的处理和判断，对于已经知道的词，大脑对其有相应的理解，从而可以知道这段语音说了什么。想让机器理解语音也需要如此，当输入一段语音后，计算机会像大脑一样，对这一段语音中的重要特征进行提取，随后将其转换为对应识别单元。人只会理解听过的词或语句，计算机也是如此，因此需要提前准备好一个单词模型，作为识别单元的匹配标准，即模拟大脑的词储备,最后使用语音模型处理,得到最终的识别结果。语音识别系统框架如图 4-3 所示。

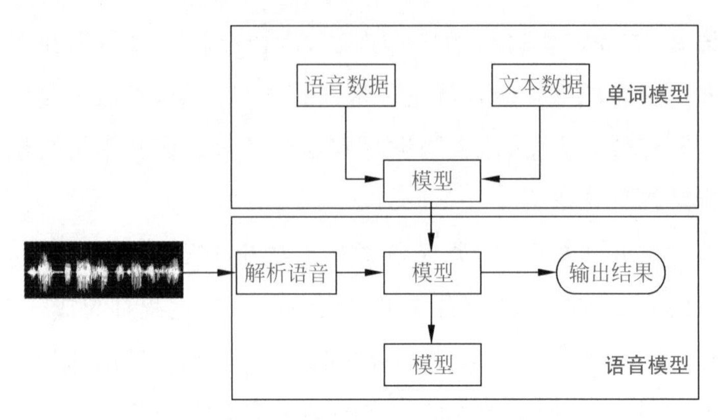

图 4-3　语音识别系统框架

4.1.3　语音识别技术的发展

语音识别技术的发展按照其使用方法大致可以分为三个阶段：模板匹配阶段、统计模型阶段以及深度学习阶段。

1. 模板匹配阶段

20 世纪 50 年代,戴维斯(Davis)研究出了世界上第一个语音识别系统 Audry,此系统可以识别出 10 个英文数字的发音,正确率高达 98%,这奠定了语音识别技术的基础。到了 20 世纪 60 年代,马丁(Martin)提出了时间归一化的方法,解决了语音时长不一致的问题,提高了识别效果。1966 年,卡内基-梅隆大学的 Reddy 在语音识别中使用了动态跟踪方法。两年后,苏联科学家 Vintsyuk 将动态规划算法应用在语音信号的时间规整上。1978 年,Sakoe 和 Chiba 成功地将 Vintsyuk 的动态规划算法进行应用,将两段不同时长的语音在时间轴上对齐。

2. 统计模型阶段

20 世纪 80 年代,研究人员从对孤立词识别系统的研究转向大量词汇的连续识别的研究,出现了以隐马尔可夫模型(HMM)为代表的声学模型。随后出现了对语音状态的观察值概率建模的高斯混合模型(GMM),将上述两种模型结合在一起,并称为高斯混合-隐马尔可夫模型(GMM-HMM)。在深度学习出现之前,该模型一直是语音识别中使用最为广泛的声学模型。

3. 深度学习阶段

近年来，随着深度学习浪潮的出现，深度学习在语音识别领域也获得了很大的发展，极大地提升了语音识别性能。2011年发布的Kaldi使用的就是基于DNN-HMM模型，深度学习的出现打破了语音识别领域GMM-HMM的垄断。这些年来，循环神经网络（RNN）、长短时记忆网络（LSTM）、生成对抗网络（GAN）等网络的出现也为语音识别的发展带来了新的动力，且深度学习的发展使语音识别的识别率也达到了新高度。目前，语音识别技术快速更新，在某些场景下的准确率已超98%。

4.1.4 语音识别技术的应用

随着语音识别技术的不断革新，现如今，语音识别技术也已经被广泛地应用在医疗、军事、工业等领域。当然，在日常生活中也随处可见语音识别技术的应用，如语音转文字、语音搜索、智能家电等。

1. 语音转文字

手机语音的出现方便了人们的日常交流，对话不再需要打字，节约了时间。但有时会出现不方便听语音的情况，于是语音转文字的功能应运而生。图4-4所示，为微信的一个语音转文字功能的示例，日常生活中常会使用此功能，且现今的语音转文字功能的准确率较之前有了很大的提高，甚至已经超过人类的判断。

2. 语音搜索

同样地，为了方便生活，语音助手、语音搜索也开始普及。苹果公司在手机上率先推出了Siri，为用户提供手机管理和搜索功能。之后，越来越多的厂商也开始推出自己的语音助手，如小米公司的小爱同学、百度公司的小度、阿里巴巴公司的天猫精灵等。现如今，用户对语音技术也产生了更高的依赖，许多开发者在App上均提供语音搜索功能。图4-5所示为UC浏览器搜索页面的语音搜索功能。

3. 智能家电

如果说智能手机的普及让日常生活变得智能化，那么智能家电的出现则进一步提高了生活的智能化。语音识别技术也被广泛地应用在智能家电中，智能家电提供的语音交互能力进一步帮助用户降低了使用障碍，便捷了用户生活，用户使用语音控制远比使用智能手机控制要更为得心应手。

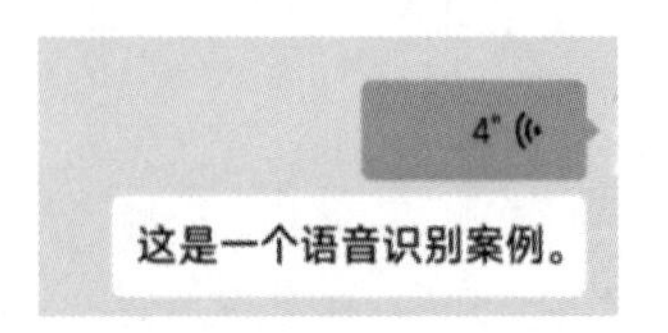

图 4-4　微信语音转文字功能的示例

垃圾分类直接问我
·西瓜皮是什么垃圾
·湿纸巾是什么垃圾
·前男友是什么垃圾

请问需要什么帮助？

图 4-5　UC 浏览器搜索页面的语音搜索功能示例

4.2　处理语音

4.1 节介绍了什么是语音，什么是语音识别，本节将详细介绍语音识别的过程，包括信号处理、特征处理和模型建立等方面内容。

4.2.1　语音信号

从信号学上看，语音其实就是一段连续的时变信号，所以要进行语音识别，即要对语音先进行信号处理。当语音产生时，使用接收装置接收声波，这就是初始的语音，随后将其转换成模拟信号。模拟信号是可以被直观看到的语音形式，但是模拟信号的保密性差，且容易受到干扰，所以在信号处理中通常会将模拟信号转换成数字信号。采样、量化、编码则是模数转换中的基本操作。如图 4-6 所示，该流程图展示了语音数字化的过程。

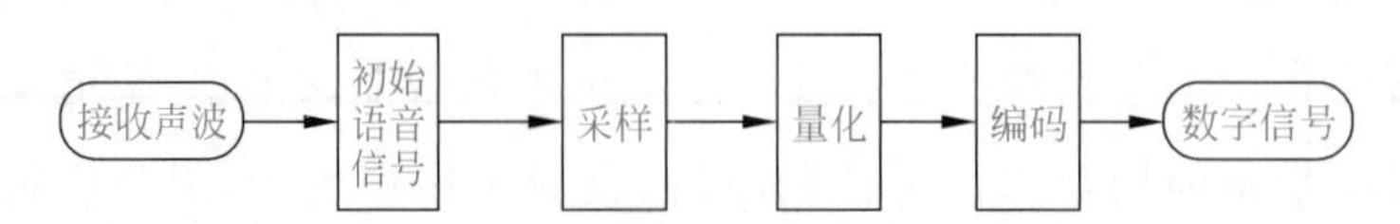

图 4-6　语音数字化的过程

1. 采样

采样的原理就是按照固定的频率对模拟信号的振幅进行取值，将模拟信号转换成离散信号。这个频率便是采样率，单位为赫兹（Hz），表示每秒钟取得的采样的个数。

2. 量化

通过上一步采样，得到了离散信号，为了更高效地保存和传输每个采样点的数值，采用一种规整方法对信号进行规整，称为量化。具体来说就是，将信号变化的最大幅度划分为几个区域，将在这一区域的归整为同一数值。量化位数是每个采样点能够表示的数据范围，常用的有8位、12位、16位等。

3. 编码

计算机是以二进制存储数据的，所以需要对得到的信号进行编码，然后存储在计算机中，这个过程称为编码过程。常见的编码格式有PCM、MP3、WMA等。

4.2.2 预处理

前面得到的数字化的语音信号，可能会存在一些干扰。如在采集语音信号时，不可避免地会出现失真等问题，这样的语音无法直接使用，或带来较大误差。解决的方案是进行预处理，通过预处理，提高语音信号的质量，使语音信号更平滑、均匀，提高最终识别正确率。预处理过程包括：预加重、分帧、加窗。

1. 预加重

通过研究发现，口唇辐射区在发声时对语音信号低频部分的影响较小，而对高频部分的影响较大，所以预加重的目的是消除发声时辐射区（口唇）的影响，对语音信号的高频部分进行加重，加强高频部分的分辨率。

2. 分帧

语音信号的特性会随着时间而变化，在一个短时间范围（10～30ms），其特性可以维持一个相对稳定的状态。在处理语音信号时必须要考虑这个性质，所以处理语音信号时要其在这个短时间范围内维持稳定，需要对语音信号进行分帧，每帧的大小即为10～30ms，再进行短时分析。

3. 加窗

将语音信号分帧之后，在每帧的起始和结束处将不连续，需要对语音信号的每个短时段进行处理，即加窗，同时为后面的信号处理提供帮助。三种典型的窗函数是矩

形窗、汉明窗(Hamming)、汉宁窗(Hanning),其定义如下,其中 N 为窗大小:

(1) 矩形窗:

$$W(n)=\begin{cases}1, & 0<n\leqslant N-1\\ 0, & \text{其他}\end{cases} \tag{4-1}$$

(2) 汉明窗:

$$W(n)=\begin{cases}0.54-0.46\cos\left(\frac{2\pi n}{N-1}\right), & 0<n\leqslant N-1\\ 0, & \text{其他}\end{cases} \tag{4-2}$$

(3) 汉宁窗:

$$W(n)=\begin{cases}0.5\left[1-\cos\left(\frac{2\pi n}{N-1}\right)\right], & 0<n\leqslant N-1\\ 0, & \text{其他}\end{cases} \tag{4-3}$$

4.2.3 特征提取

经过预处理之后的数字化语音,已经可以满足我们的需求。接下来对语音进行特征提取,这是进行语音识别重要的一步,特征提取的好坏将会直接影响语音识别的准确率。

需要选取的是语音信号中具有辨识度的特征,同时去掉对识别有影响的特征,本书选择提取的特征是 MFCC(Mel Frequency Cepstral Coefficients, Mel 频率倒谱系数), MFCC 是一种在语音识别领域中广泛使用的特征。它是在 1980 年由戴维斯(Davis)和默梅尔斯坦(Mermelstein)提出的,因其效果好,不久后在语音识别领域,MFCC 成为最广泛使用的特征。

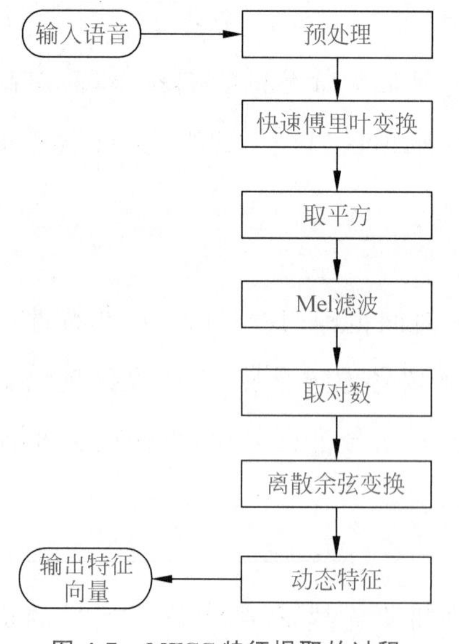

图 4-7 MFCC 特征提取的过程

MFCC 特征提取的过程如图 4-7 所示。

1. 快速傅里叶变换

傅里叶变换的作用就是将信号从时域转到频域。频域周期通常对应离散时间域,将傅里叶变换在离散信号上的扩展称为离散傅里叶变换(DFT)。经过发展，出现了比DFT更高效的算法，即快速傅里叶变换(FFT)。

如图4-8所示，对原始信号进行分帧、加窗，再对每帧做快速傅里叶变换，而这一过程又称为短时傅里叶变换。

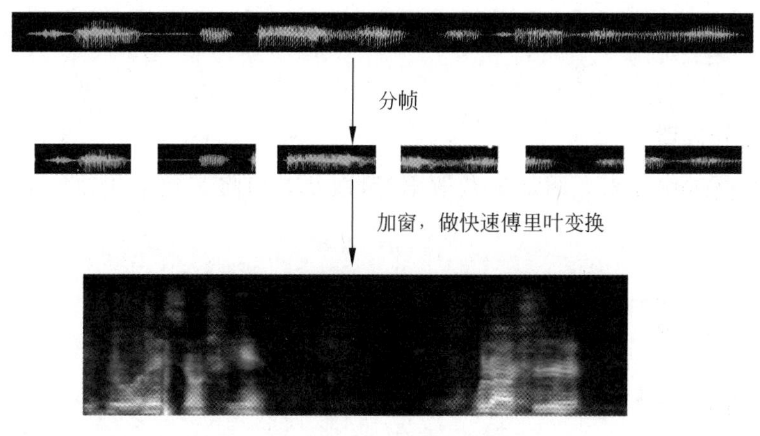

图4-8 语音信号的时频转换

2. Mel滤波器组

人耳能听到频率20～20 000Hz的声音，就像有滤波器一样，人耳会过滤不在这个范围内的信号，也就是说，它只让某些频率的信号通过，而忽略其他频率的信号。

Mel频率分析是基于人类听觉感知所进行的实验，进而设计出了Mel滤波器组。这些滤波器并不是线性分布函数(分布函数是线性函数的分布)，在低频区域有很多的滤波器，分布比较密集，但在高频区域，滤波器的数目就变得比较少，分布很稀疏，而这样的分布更符合人耳的特性。

3. MFCC特征

Mel频率倒谱系数考虑了人类的听觉特征，先将线性频谱映射到基于听觉感知的Mel非线性频谱中，然后转换到倒谱上。其中经过取对数、离散傅里叶变换等操作，最终得到MFCC特征。

【知识拓展】

时域分析和频域分析

时域分析。傅里叶变换将信号从时域转到频域，我们所认知的信号都以时间为基础，信号波形会跟着时间线变化，把这种以时间为参照来观察信号变换的方法称为时域分析。虽然时域上可以直观地看到信号的波形，但是却不能准确地表达出这个信号，例如，有些信号在时域上看波形一样，但却不能认为这两个信号相同，因为信号还与频率、相位等信息有关，于是便有了频域分析。

频域分析，顾名思义是观察信号在频率上振幅的变化，通常称为频谱图。将信号从时域转到频域不仅可以更好地描述信号，而且在计算上更简便。

4.2.4 案例

1. 语音信号处理

接下来将通过代码来介绍如何获取语音，以及如何将其数字化。

1）语音获取

```
1. import pyaudio
2. import wave
3. # 创建录音类
4. class Audio():
5.     def __init__(self,chunk = 1024,channels = 2,rate = 44100):
6.         self.chunk = chunk
7.         self.channels = channels #声道数:单声道、双声道
8.         self.rate = rate #取样频率:一秒内对语音采样的次数
9.         self.running = True
10.        self.frame = []
11.        self.format = pyaudio.paInt16
12.        self.seconds = 5
13.     def run(self):#开始录音函数
14.         self.running = True
15.         self.frame = []
16.         pa = pyaudio.PyAudio()
17.         #查找录音设备
18.         device = self.findDevice(pa)
19.         stream = pa.open(
20.             format = self.format,
21.             channels = self.channels,
22.             rate = self.rate,
23.             input = True,
24.             frames_per_buffer = self.chunk
25.         )
26.         for i in range(0,int(self.rate/self.chunk * self.seconds)):
```

```
27.             data = stream.read(self.chunk)
28.             self.frame.append(data)
29.         stream.stop_stream()
30.         stream.close()
31.         pa.terminate()
32.         return
33.
34.     def stop(self):
35.         self.running = False
36.
37.     def save(self,fileName):
38.         pa = pyaudio.PyAudio()
39.         f = wave.open(fileName,'wb')
40.         f.setnchannels(self.channels)
41.         f.setframerate(self.rate)
42.         f.setsampwidth(pa.get_sample_size(self.format))
43.         f.writeframes(b''.join(self.frame))
44.         f.close()
45.         pa.terminate()
46.
47. if __name__ == '__main__':
48.     print("开始录音:")
49.     audio = Audio()
50.     audio.run()
51.     status = True
52.     while status:
53.         temp = input("按X键结束")
54.         if temp == 'X':
55.             running = False
56.             audio.stop()
57.             audio.save("test.wav")
```

打开刚刚生成的音频，效果如图4-9所示。

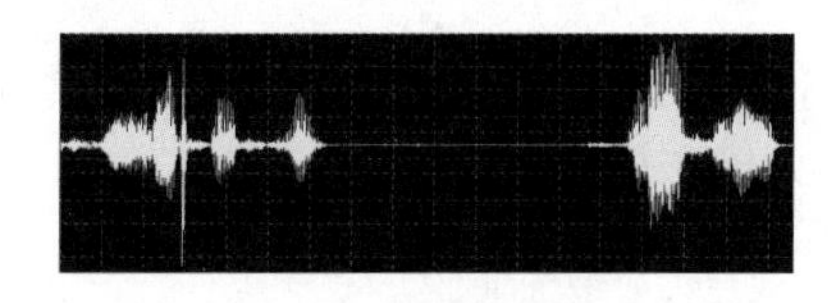

图4-9　录音音频

代码分析：如上代码实现了使用 pyaudio 进行录音的功能，从第 4 行开始创建一个 Audio 的类，并在其中添加相关开始、结束、保存等成员函数。主函数中，先实例化 Audio 类，然后初始化录音时的采样频率、声道、编码等参数，开始录音，最后按 X 键结束。

2）语音处理

上面的音频，读者录制时可以自行设置采样频率、声道数等参数值，有时若需要处理其他录制好的语音，需要对语音进行二次处理，如重采样、更改编码格式等。

（1）重采样。

```
1. import librosa
2. import matplotlib.pyplot as plt
3. audioPath = "< your audio path >"
4. # 获取音频采样率
5. # 参数
6. # path :音频文件的路径
7. # return:音频文件的采样率
8. sr = librosa.get_samplerate(audioPath)
9. print(sr)
10. y,sr = librosa.load(audioPath,sr = None,mono = True,offset = 0.0)
11. print(y)
12. # 重采样
13. y_hat = librosa.resample(y,orig_sr = sr,target_sr = 16000,fix = True,scale =
False)
14. print(y_hat)
15. # 重新采样从 orig_sr 到 target_sr 的时间序列
16. # 参数
17. # y :音频时间序列,可以是单声道或立体声
18. # orig_sr :y 的原始采样率
19. # target_sr :目标采样率
20. # fix:bool,调整重采样信号的长度,使其大小恰好为 len(y)orig_sr * target_sr = t
 * target_sr
21. # scale:bool,缩放重新采样的信号,以使 y 和 y_hat 具有大约相等的总能量
22. # return:y_hat :重采样之后的音频数组
```

（2）更改编码格式：将 PCM 和 WAV 格式之间互相转换。

```
1. # 函数功能:PCM 和 WAV 格式之间互相转换
2. import wave
3. import numpy as np
4. from datetime import datetime
5. wavFilePath = ''
6. pcmFilePath = ''
7. bits = 16
8. channels = 1
9. def p2wav(rate):
10.     pcmFile = open(pcmFilePath)
11.     pcmdata = pcmFile.read()
12.     pcmFile.close()
13.     if bits % 8!= 0:
14.         raise ValueError("bits % 8 必须为 0")
15.     wavFile = wave.open(wavFilePath,"wb")
16.     wavFile.setnchannels(channels)
17.     wavFile.setsampwidth(bits//8)
18.     wavFile.setframerate(rate)
19.     wavFile.writeframes(pcmdata)
20.     wavFile.close()
21.
22. def w2pcm(dataType = np.int16):
23.     f = open(wavFilePath,"rb")
24.     f.seek(0)
25.     f.read(44)
26.     data = np.fromfile(f,dtype = dataType)
27.     data.tofile(pcmFilePath + datetime.now().strftime("%Y-%m-%d_%H-%M
-%S") + '.pcm')
28.     print("success!")
29.
30. if __name__ == '__main__':
31.     wavFilePath = "test.wav"
32.     pcmFilePath = ""
33.     w2pcm()
```

代码分析：本段代码实现了将 WAV 格式的语音文件转换成 PCM 格式的文件，这两种格式是常见的语音文件格式，灵活地在二者之间转换有助于更好地处理语音文件。第 9 行定义的 p2wav()函数的功能是将 PCM 格式转换为 WAV 格式，第 22 行的 w2pcm()函数的功能是将 WAV 格式转换为 PCM 格式。

2. 窗函数

接下来使用代码的方式绘出这三种窗的函数图像，运行结果如图 4-10 所示。

```
1. # 函数功能:加窗
2. import numpy as np
3. import matplotlib.pyplot as plt
4. plt.figure(figsize = (16,10))
5. w1  =  np.hamming(512)
6. w2  =  np.hanning(512)
7. w3  =  np.ones(512)
8. plt.subplot(1,3,1)
9. # 汉宁窗
10. plt.plot(w1)
11. plt.subplot(1,3,2)
12. # 汉明窗
13. plt.plot(w2)
14. plt.subplot(1,3,3)
15. # 矩形窗
16. plt.plot(w3)
17. plt.show()
```

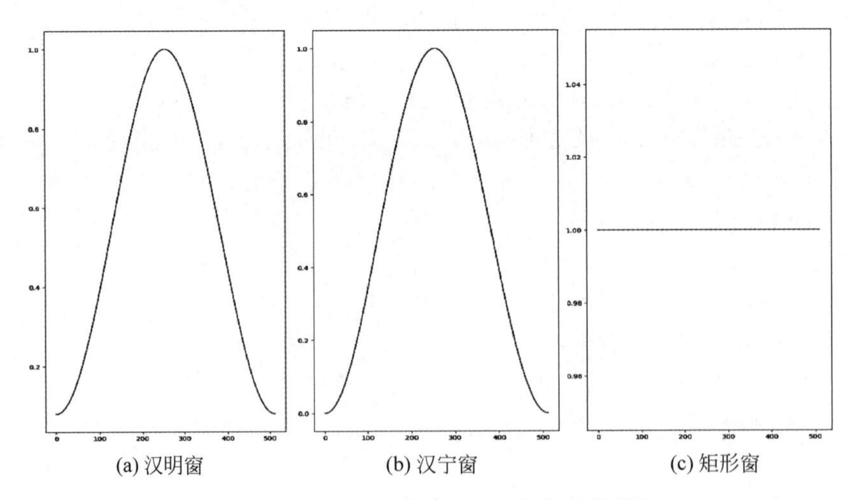

图 4-10　汉明窗、汉宁窗和矩形窗的函数图像

3. 特征提取

（1）编程画出一段语音的频谱图。

```
1. import librosa
2. import numpy
3. import matplotlib.pyplot as plt
4. import librosa.display
5. audioPath = "./示例demo/rec_2021-03-06_23-2434.wav"
6. y , sr = librosa.load(path=audioPath,sr=None,mono=True,offset=0.0)
7. # 短时傅里叶变换
8. D = librosa.stft(y, n_fft=2048, hop_length=None, win_length=None, window='
hann', center=True, pad_mode='reflect')
9. print(numpy.abs(D))
10. print(numpy.angle(D))
11. # return:STFT矩阵,shape = (1 + nfft2,t)
12. fig, ax = plt.subplots()
13. img = librosa.display.specshow(librosa.amplitude_to_db(numpy.abs(D),ref=
numpy.max),y_axis='log', x_axis='time', ax=ax)
14. ax.set_title('Power spectrogram')
15. fig.colorbar(img, ax=ax, format="%+2.0f dB")
16. plt.show()
```

代码分析：使用语音识别库librosa，这个库包含了语音分析所需要的相关功能。本段代码实现了绘制一段语音的频谱图的功能，其中第6行获取语音的时间序列和采样频率，然后第8行使用短时傅里叶变换得到语音在频域上的表示矩阵，最后的运行结果如图4-11所示。

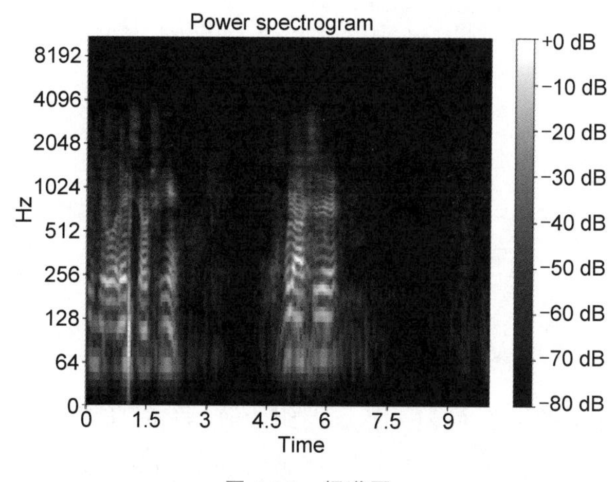

图4-11　频谱图

（2）创建一个滤波器组矩阵，将 FFT 转换成 Mel 频率，并计算 Mel 频谱，运行结果如图 4-12 和图 4-13 所示。

```
1. import librosa
2. import librosa.display
3. import matplotlib.pyplot as plt
4. import numpy as np
5. audioPath = "./示例 demo/rec_2021 - 03 - 06_23 - 24 - 34.wav"
6. y,sr = librosa.load(audioPath,sr = None,mono = True,offset = 0.0)
7. melfb = librosa.filters.mel(sr, n_fft = 2048, n_mels = 128, fmin = 0.0, fmax = 
None, htk = False, norm = 1)
8. plt.figure()
9. librosa.display.specshow(melfb, x_axis = 'linear')
10. plt.ylabel('Mel filter')
11. plt.title('Mel filter bank')
12. plt.colorbar()
13. plt.tight_layout()
14. plt.show()
15. # 如果提供了频谱图输入 S,则通过 mel_f.dot(S)将其直接映射到 mel_f 上
16. # 如果提供了时间序列输入 y,sr,则首先计算其幅值频谱 S,然后通过 mel_f.dot
(S ** power)将其映射到 mel scale 上 .默认情况下,power = 2 在功率谱上运行
17. # 方法一:使用时间序列求 Mel 频谱
18. pnnt(librosa.feature.melspectrogram(y = y, sr = sr))
19. # 方法二:使用 stft 频谱求 Mel 频谱
20. plt.subplot(2,1,1)
21. librosa.display.waveplot(y,sr)
22. plt.title("wavform")
23. plt.subplot(2,1,2)
24. D = librosa.stft(y, n_fft = 2048, hop_length = None, win_length = None, window = 
'hann', center = True, pad_mode = 'reflect')
25. S = librosa.feature.melspectrogram(y,sr,S = D ** 2) # 使用 stft 频谱求 Mel 频谱
26. # plt.figure(figsize = (10, 4))
27. librosa.display.specshow(librosa.power_to_db(S, ref = np.max),
28.                          y_axis = 'mel', fmax = 8000, x_axis = 'time')
```

代码分析：这段代码创建了 Mel 滤波器组矩阵，将 FFT 后的语音频谱通过这些滤波器转换成 Mel 频率，Mel 频率更接近人耳能感知的频率。第 7 行中的函数 librosa.

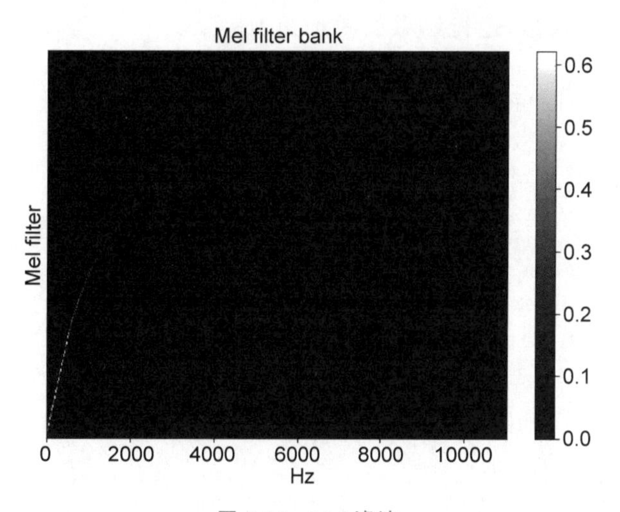

图 4-12　Mel 滤波

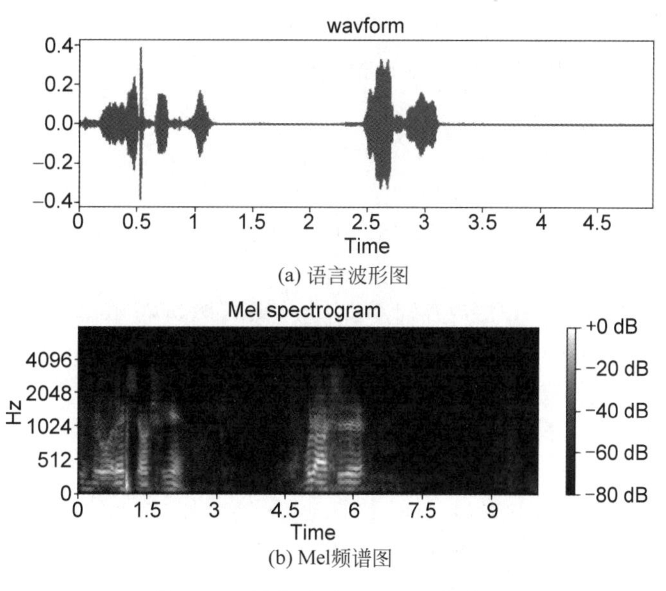

图 4-13　语音波形图和 Mel 频谱图

filters. mel()计算输入语音的 Mel 频率，其需要的参数为：输入信号的采样率、FFT 数、最低频率(Hz)、最高频率，最终返回一个 Mel 变换矩阵。从第 18 行开始计算 Mel 频率，提供了两种方法：第一种是直接使用时间序列求解，第二种是使用 STFT(短时傅里叶变换)计算语音频域上的矩阵表示，然后第 25 行使用 librosa. feature. melspectrogram()函数将能量谱与 Mel 频谱进行点积运算得到 Mel 频谱。

(3) 提取 MFCC 系数,运行结果如图 4-14 所示。

```
1. 函数功能:# 提取 MFCC 系数
2. import librosa
3. import librosa.display
4. audioPath = "./示例 demo/rec_2021-03-06_23-24-34.wav"
5. import numpy as np
6.
7. # 获取音频采样率
8. # 参数:
9. # path:音频文件的路径
10. # return:音频文件的采样率
11. y,sr = librosa.load(audioPath,sr=None,mono=True,offset=0.0)
12.
13. # (1)直接从时间序列生成 mfcc 特征
14. librosa.feature.mfcc(y,sr)
15. # (2)使用之前求得的对数 Mel 光谱
16. D = np.abs(librosa.stft(y)) ** 2
17. S = librosa.feature.melspectrogram(y,sr,S=D**2)
18. S = librosa.power_to_db(S)
19. mfccs = librosa.feature.mfcc(y, sr, S, n_mfcc=20, dct_type=2, norm='ortho')
20. # 参数:
21. # 音频数据、采样率、对数功能 Mel 谱图、要返回的 MFCC 数量
22. # dct_type:None, or {1, 2, 3} 离散余弦变换(DCT)类型.默认情况下,使用 DCT 类
型 2
23. # return: MFCC 序列
24. import matplotlib.pyplot as plt
25. fig, ax = plt.subplots()
26. img = librosa.display.specshow(mfccs, x_axis='time', ax=ax)
27. fig.colorbar(img, ax=ax)
28. ax.set(title='MFCC')
29. plt.show()
```

代码分析:MFCC 特征是一种在自动语音识别和说话人识别中广泛使用的特征,同样使用了两种方式来获取 MFCC 特征。其中,第 14 行直接使用时间序列计算 MFCC 特征,第 19 行的 librosa.feature.mfcc()函数使用前一阶段获得的 Mel 频谱求 MFCC 特征。

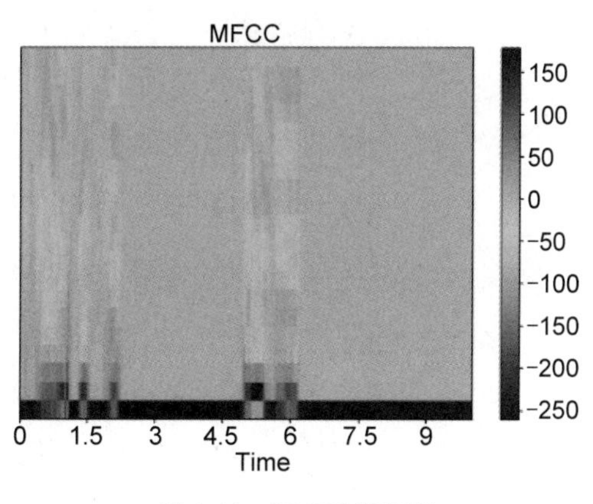

图 4-14　MFCC 特征图

4.3　语音识别模型

4.3.1　隐马尔可夫模型

一个人说话语速的不同会造成语音信号的长短不同，如果直接使用动态时间规划(Dynamic Time Warping，DTW)进行模板匹配，会产生不一致问题，因此，隐马尔可夫模型应运而生。

隐马尔可夫模型(Hidden Markov Model，HMM)是一种统计学分析模型，基于**马尔可夫链**，用来表示一个含有隐含未知参数的马尔可夫过程。声学模型的状态正是由随机变量表示的，这恰好可以使用隐马尔可夫模型来表示。

隐马尔可夫模型的参数可以描述为 $\lambda=(\boldsymbol{A},\boldsymbol{B},\Pi)$，其中 $\boldsymbol{A}$ 表示状态转移矩阵，即从一个状态可以变换到的另一个状态有哪些；$\boldsymbol{B}$ 代表概率矩阵，这表示转移状态时的概率；Π 表示初始状态。那么如何根据已有模型计算观察值的概率，如何在观察序列中找出对应的状态序列，以及如何训练模型参数仍是要面临的问题，而这些问题可以分别由前向算法、维特比算法和 Baum-Welch 算法求得。

【知识拓展】

马尔可夫链。假设随机序列在任意时刻都可以处在状态$\{a_1,a_2,a_3,\cdots,a_n\}$，并且存在另一组随机序列$\{b_1,b_2,b_3,\cdots,b_{m-1},b_m\}$，则此时再产生一个新的事件 b_{m+1} 的概

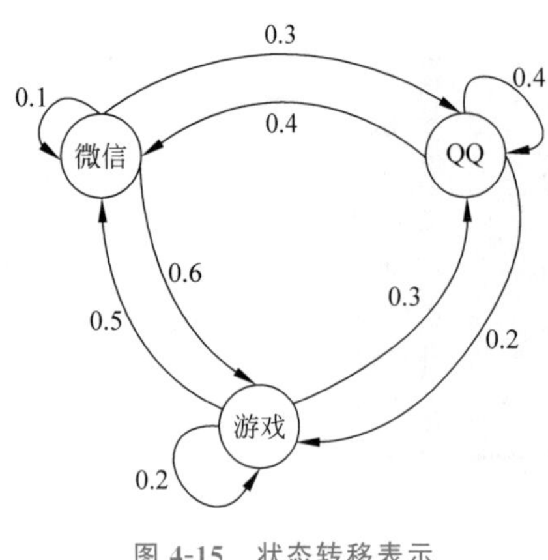

图 4-15 状态转移表示

率为 $P(b_{m+1}|b_m,b_{m-1},\cdots,b_1)=P(b_{m+1}|b_m)$,即马尔可夫过程只基于当前发生的事件,与发生过的和未发生的都无关。举个简单的例子,如果打开一次手机会出现打开微信、QQ和游戏三种情况,而下一次打开手机还是打开这三种软件,如何计算第 n 次打开手机时会打开什么软件?首先假设这次打开微信而下一次打开 QQ 的概率是确定的,即有了状态转移方程。如图 4-15 所示,其中的数字表示上次打开手机是某一软件而下一次打开手机是某一软件的概率。

已知打开手机软件的概率向量是 $\boldsymbol{X}_1=[0.3,0.5,0.2]$,分别表示打开微信、QQ、游戏的概率。根据状态转移矩阵可以计算得第二次打开每种软件的概率为 $\boldsymbol{X}_2=\boldsymbol{X}_1*\boldsymbol{P}$,$\boldsymbol{P}$ 为状态转移矩阵,以此类推,$\boldsymbol{X}_3=\boldsymbol{X}_2*\boldsymbol{P},\cdots,\boldsymbol{X}_n=\boldsymbol{X}_{n-1}*\boldsymbol{P}$。可以发现,下一次打开软件的概率只依赖于上一次打开的软件。马尔可夫链每一时刻的状态值只取决于其状态值前面的一个状态,与再之前的状态无关。

4.3.2 高斯混合-隐马尔可夫模型

根据信号学的知识可以知道,高斯分布可以用来描述大多数的信号分布,多种高斯分布函数聚合在一起被称为高斯混合模型(Gaussian Mixture Model,GMM),这种模型可以拟合出复杂数据的分布。

根据前面的知识可以知道,语音信号在隐马尔可夫模型中每个状态对应着多帧特征序列,而且这些特征的观察值概率可以用高斯分布表示,因为观察值序列的复杂性,单一的高斯函数不能很好地拟合,所以便采用多种混合的高斯混合模型表示,这样便诞生了 GMM-HMM。

在 GMM-HMM 中,状态之间的转移概率分布由隐马尔可夫模型处理,而隐马尔可夫模型的观察值概率则由高斯混合模型生成。GMM-HMM 的训练与单独的隐马尔可夫模型训练不同,需要结合很多算法进行重估计。

4.3.3 深度学习模型

在深度学习出现之前,GMM-HMM 虽然稳健性差,识别率不高,但是其一直都是语音识别领域使用最广泛的模型。伴随着深度学习的出现，研究者开始使用深度学习来进行语音识别，而深度学习的强大也随之凸显出来，语音识别领域在深度学习的促进下迎来了新变革。

1. 深度学习

2006 年，深度学习鼻祖杰弗里·埃弗里斯特·辛顿（Geoffrey Everest Hinton）提出了一种新的建立多层神经网络的方法，每次只训练单层网络，成功缓解了神经网络局部最优解的问题。从此，深度学习的浪潮开始席卷各个领域，为各个领域带来了新的动力，包括语音识别领域。

2. DNN-HMM

DNN 与传统神经网络的区别就在于，其隐藏层有多个（一般大于 2 就认为是深度神经网络），与隐马尔可夫模型结合在一起为语音识别领域带来了新的发展方向。GMM-HMM 中，将 HMM 中使用的观察值概率分布使用高斯混合模型进行拟合，但是高斯混合模型存在稳健性低的特点，并不能很好地表达特征，而 DNN 的出现，很好地解决了这一问题，于是研究者开始使用 DNN 与隐马尔可夫模型进行语音识别。

4.4　本章小结

（1）语音识别技术的目标是让机器能够“听懂”人的语言，目前已经被广泛地应用在我们生活的方方面面。

（2）语音识别技术按照其发展历程主要可以分为三个阶段：模板匹配阶段、统计模型阶段以及深度学习阶段。

（3）一个完整的语音识别系统可以分为：语音信号预处理、特征提取和语音模型三部分。

（4）语音信号的预处理包括：首先将初始的语音信号经过采样、量化和编码后被转换为数字信号，随后通过预加重、分帧和加窗等方式提高语音信号的质量。

（5）MFCC 是一种在语音识别领域中广泛使用的特征，提取 MFCC 特征的过程包括：快速傅里叶变换、Mel 滤波以及取对数等操作。

动动脑

1. 语音识别的研究目标和计算机自动语音识别的任务是什么?
2. 语音识别包括哪些步骤?
3. 如何描述语音识别从微观到宏观的过程?
4. 三种常见的窗函数是什么?
5. 当前语音识别技术的主流技术是什么?
6. 计算机具有谈话互动的能力,即输出话音,属于(　　)技术。

   A. 语音合成　　B. 机器学习　　C. 语音识别　　D. 虚拟现实

第5章

实战案例

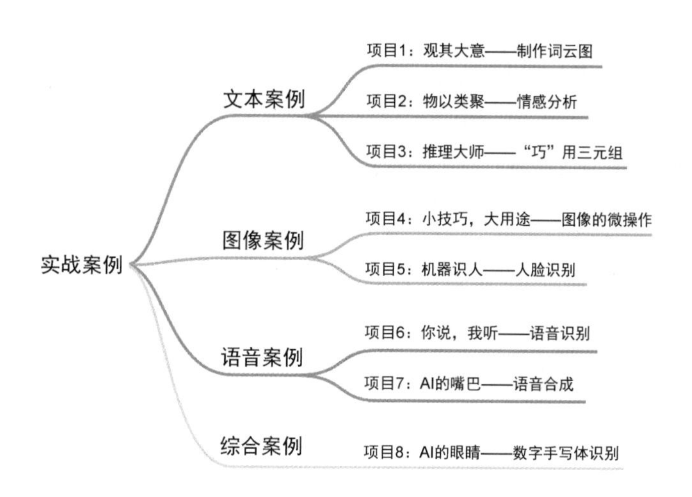

5.1 文本案例

项目1：观其大意——制作词云图

1. 项目任务

读者们，你是否常常埋头于语文考试中的文章阅读分析题却百思不得其解，或许“词云图”能够帮助你。

“词云图”通过对文本中出现频率较高的“关键词”予以视觉上的突出，过滤大量的低频文本信息，进而使浏览网页者在短暂的视觉停留时间内便可以领略文本的主旨。词云图本质上是对分词结果频数表的图形化展示，也是进行文本分析的常用工具。在此，我们利用 Python 中安装的 wordcloud 包来制作词云图，对朱自清的《背影》一文进行分析，帮助读者快速了解文章主旨。

【知识拓展】

SciPy 是一款专为科学和工程设计的方便、易用的 Python 工具包，构建于 NumPy 之上，提供了一个用于在 Python 中进行科学计算的工具集，如数值计算的算法和一些功能函数，可以方便地处理数据。主要包含以下内容：

- 特殊函数(scipy. special)
- 积分(scipy. integrate)
- 最优化(scipy. optimize)
- 插值(scipy. interpolate)
- 傅里叶变换(scipy. fftpack)
- 信号处理(scipy. signal)
- 线性代数 (scipy. linalg)
- 稀疏特征值(scipy. sparse)
- 统计(scipy. stats)
- 多维图像处理(scipy. ndimage)
- 文件 IO(scipy. io)

2. 项目准备

制作词云图的关键是有词。先获取文章的文本文件，保存为“背影. txt”。该文章可以在网络上找到，或从本书提供的电子资源中获取。

3. 环境配置

本项目使用的 Python 编译器是 PyCharm，Python 版本为 3.7。

下面是一些主要使用的库：

- jieba
- wordcloud
- matplotlib

4. 程序代码

```
1. import jieba
2. import wordcloud
3. import matplotlib.pyplot as plt
4. f1 = open('停用词库.txt','r',encoding = 'utf - 8')
5. text = f1.read()
6. f1.close()
7. stoplist = [i for i in text]
8. f2 = open('背影.txt','r',encoding = 'utf - 8')
9. text = f2.read()
10. f2.close()
11. word_ls = [w for w in jieba.cut(text) if w not in stoplist and len(w)> 1]
12. txt = ' '.join(word_ls)
13. myfont = r'C:\Windows\Fonts\simkai.ttf'
14. cloudobj = wordcloud.WordCloud(font_path = myfont,width = 1200,height = 800,
15.       mode = 'RGBA',background_color = None,stopwords = stoplist).generate(txt)
16. plt.imshow(cloudobj)
17. plt.axis('off')
18. plt.show()
19. cloudobj.to_file('词云 1.0.png')
```

运行结果如图 5-1 所示。

代码分析：

图 5-1 《背影》之简易词云图

从图 5-1 中可以看出，《背影》一文是作者为回忆父亲所作，涉及“背影”“橘子”“铁道”“茶房”等诸多关键词，其中父亲的背影给作者留下了极深的印象，接下来进一步分析代码的实现过程。

代码的第 1～3 行通过保留字 import 引用 jieba、wordcloud、matplotlib 等库。其中，jieba 用于分词和关键词的抽取，是生成词云的基础；而 wordcloud 是一个词云生成器，只要进行相关的配置就能生成相应的词云，这一点在后面还会进行说明；matplotlib 是一个绘图库，用于最终词云图的绘制。

在代码的第 4～7 行，利用“停用词库.txt”制作停用词列表，即 stoplist 用于后续的文章清理工作以提高词云图所表达信息的概括性和准确性。第 11 行和第 12 行借助 jieba 分词对读入程序内的文本 text 进行清理工作，并利用 join()函数将其转换为用于制作词云图的字符串。第 14～18 行用于绘制词云图，第 17 行是为词云图去掉坐标轴，使词云图更为美观。第 19 行则是为了将生成的词云图保存在所编辑的.py 文件的根目录下，图片命名为“词云 1.0.png”。

至此，一张词云图就制作完成了，过程是不是十分简单且有趣呢？但是规规矩矩的长方形图片难免让人产生视觉疲劳，那么词云图的形状是否可以由我们自己来决定呢？在上述代码的基础上添加下面几行代码便可实现上述想法。

```
20. from scipy.misc import imread
21. cloudobj = wordcloud.WordCloud(font_path = myfont,mask = imread('心形.jpg'),
22.                               mode = 'RGBA',background_color = None).generate(txt)
23. plt.imshow(cloudobj)
24. plt.axis("off")
25. plt.show()
26. cloudobj.to_file('词云 2.0.png')
```

《背影》一文表达了作者父亲对于儿女的爱，其深沉细腻令人感动。我们利用 mask 指定词云形状，如果不进行参数配置，则默认为长方形。在这里引用 imread()函数读入图像“心形.jpg”，如图 5-2 所示。

对于图像的白色部分，词云生成器默认不进行词条填充，只填充心形部分，因此，我们便可将词云图的形状设置为心形，此时的运行结果如图 5-3 所示。

图 5-2　心形背景图

图 5-3　《背影》之心形词云图

词云图的形状变成了心形，是不是比长方形看起来赏心悦目呢！实际上，还可以通过改变词云图的颜色来对其进行美化，感兴趣的读者可以自己在网上查找资料，心动不如行动，想要制作更完美的词云图就快快动起手来吧！

项目 2：物以类聚——情感分析

1. 项目任务

假设小张开了一家网店，每天系统里有大量的产品评论信息，这些评论信息直接表达了用户对产品肯定或者否定的态度，这些反馈信息对于商家是非常有价值的。如果通过人工一页一页地阅读评论来判断用户态度，这种方式过于耗时和低效，那么有没有什么办法能帮助小张快速、全面、直观地了解用户的评论倾向？文本情感分析可以大显身手。

情感分析是文本挖掘里涉及语义理解的一个很重要的分析方向，常见于微博、微信、用户论坛等语境下的短文本分析，如用户在论坛上发布了一条关于某产品的用户评论，则商家可以根据这条评论来判断用户对于该产品的满意度。情感分析完全可以看作文本分类的简单实例来进行处理，在此项目中，将进一步带领读者体会文本情感分析的魅力。

【知识拓展】

Pandas 是一种开源、易于使用的数据结构和数据分析工具，它可以对数据进行导入、清洗、处理、统计和输出。经常与 NumPy 和 SciPy 这样的数据计算工具，statsmodels 和 sklearn 之类的分析库及数据可视化库（如 matplotlib）等一起使用，适合对表格数据或巨量数据进行清洗。

文本信息在向量化之前很难直接纳入建模分析，考虑到这一问题，专门用于数据挖掘的 sklearn 库提供了一个从文本信息到数据挖掘模型之间的桥梁，即 CountVectorizer 类，通过这一类中的功能，可以很容易地实现文档信息的向量化，进而进行数据挖掘工作。对于每一个训练文本，CountVectorizer 只考虑每个词汇在该训练文本中出现的频率，它会将文本中的词语转换为词频矩阵并通过 fit_transform()函数计算各个词语出现的次数。

2. 项目准备

在购物网站上抓取正负向评论各一万条左右并存储在 Excel 表中作为该项目的基

本数据，该Excel表可以从本书提供的电子资源中获取。

3. 环境配置

本项目使用的Python编译器是PyCharm，Python版本为3.7。

下面是一些需要主要使用的库：

- jieba
- Pandas
- sklearn

4. 程序代码

```
1. import pandas as pd
2. dfpos = pd.read_excel('购物评论.xlsx',sheet_name = '正向',header = None)
3. dfpos['y'] = 1.0 #代表正向
4. dfneg = pd.read_excel('购物评论.xlsx',sheet_name = '负向',header = None)
5. dfneg['y'] = 0.0 #代表负向
6. df0 = dfpos.append(dfneg,ignore_index = True)
7. df0.head()
8. # 分词和预处理
9. import jieba
10. cuttxt = lambda x:" ".join(jieba.lcut(x)) #这里不做任何清理工作,以保留情
感词
11. df0['cleantxt'] = df0[0].apply(cuttxt)
12. df0.head()
13. from sklearn.feature_extraction.text import CountVectorizer
14. countvec = CountVectorizer(min_df = 5) #出现5次以上的才纳入
15. wordmtx = countvec.fit_transform(df0.cleantxt)
16. wordmtx
17. # 按照7:3的比例生成训练集和测试集
18. from sklearn.model_selection import train_test_split
19. x_train,x_test,y_train,y_test = train_test_split(wordmtx,df0.y,test_size =
0.3)
20. x_train[0]
21. # 使用svm进行建模
22. from sklearn.svm import SVC
23. clf = SVC(kernel = 'rbf',verbose = True)
24. clf.fit(x_train,y_train)
25. clf.score(x_train,y_train)
```

```
26. #模型预测
27. def m_pred(string,countvec,model):
28.     words = ''.join(jieba.lcut(string))
29.     words_vecs = countvec.transform([words])
30.   result = model.predict(words_vecs)
31.   If int(result[0]) == 1:
32.     print(string,'正向')
33. else:
34.      print(string,'负向')
35.   comment = '噪声很小,对得起这个价格'
36. m_pred(comment.countvec,clf)
```

如图 5-4 所示,我们抓取了正向、负向各一万条左右的购物评论作为训练样本,并将文件命名为“购物评论.xlsx”。评论长短不一,但均为真实情况,涵盖了数码产品、书籍、食品等多个领域。

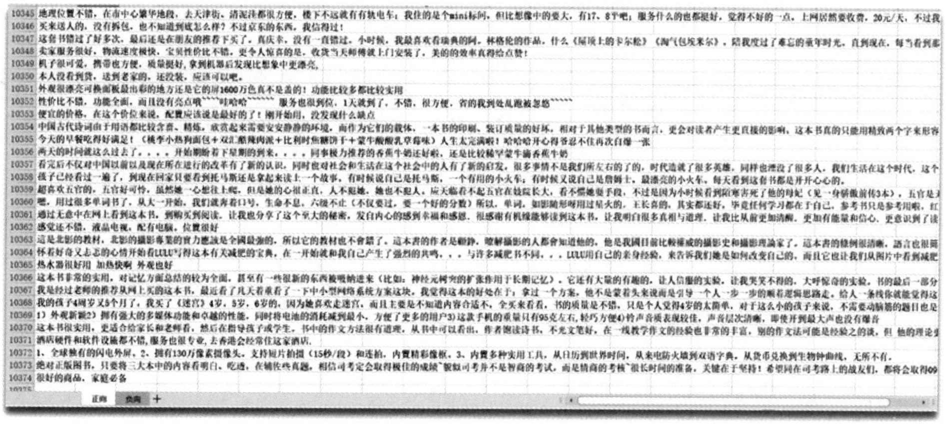

图 5-4　购物评论数据

代码分析:

首先需要做的工作就是从中间拟合出一个情感预测的模型。当有新的评论出现时,可以直接预测其为正向还是负向评论。在代码的第 1～7 行,利用 Pandas 库读入数据集,在数据框中设置新变量 y 分别等于 1.0 或 0.0 以代表正向评论和负向评论。

接下来,对其进行分词和预处理工作,提取关键词,使用关键词进行模型拟合。在代码的第 8～12 行借助 jieba 库进行分词,将分词工作封装在 lambda 函数中并命名为 cuttxt。

在代码的第17～20行,使用sklearn库生成训练集和测试集。在这里,df0.y为因变量,wordmtx是要用于模型拟合的矩阵,按照30%的比例来抽取测试集。在代码的第21～25行使用svm进行建模,在svm包里引用SVC,利用rbf作内核构建模型,以对模型进行评分。

在代码的第26～36行,通过定义函数m_pred()对评论进行分词工作并将其连接起来,再用transform()函数将其转换为可迭代的格式,利用模型进行结果预测。通过if语句对结果进行美化,若结果为1.0,则输出该评论为正向;反之,则输出该评论为负向。

最后,利用评论“噪声很小,对得起这个价格”,来看一下程序的输出结果,如图5-5所示。

```
噪声很小，对得起这个价格 正向
```

图5-5 程序检测结果

5. 实验结果

根据该模型的预测,该评论为正向评论,符合我们的主观认知结果。当输入更复杂的评论时,该模型的预测正确率会有所下降。因此,该模型仍存在很大的优化空间,可以考虑增加原始数据量或者采用分类方法进行建模以达到优化模型的目的,本书对这一问题不做深入探讨。

项目3:推理大师——巧用三元组

1. 项目任务

《红楼梦》作为我国四大名著之一,伴随了很多人的成长。相信读过这本书的你也曾经被书中复杂的人物关系搞得晕头转向吧,而强大的知识图谱可以帮你厘清人物关系,快去试试吧!

根据前述知识,我们已经知道,构成知识图谱的核心就是三元组:实体、属性、关系,而三元组的基本表现形式是“实体1-关系-实体2”和“实体-属性-属性值”。在本次实验中,我们尝试借助列表来模拟基于三元组的简单推理过程。例如,知识库中存在三元组(A B son)和(C A son),说明A是B的儿子,C是A的儿子,可以做出推理,得到(C B grandson)的三元组,即C是B的孙子。

2. 项目准备

本项目选用 OpenKG.CN 中文开放知识图谱中的四大名著之一——《红楼梦》的知识图谱来实现推理过程。

3. 环境配置

本项目使用的 Python 编译器是 PyCharm，Python 版本为 3.7。

下面是一些需要主要使用的库：

- Pandas
- NumPy

4. 程序代码

```
1. #读入原始数据集
2. import pandas as pd
3. import numpy as np
4. df = pd.read_excel('triples.xlsx',header = 0)
5. data_new = np.array(df) #将 dataframe 转换为 list
6. data_list = data_new.tolist()
7. new_data_list = []
8. new_l = []
9. def elect(l):
10.     if l[2] == "son":
11.         new_data_list.append(l)
12.     else:
13.         new_l.append(l)
14. for l in data_list:
15.     elect(l)
16. N = len(new_data_list)
17. l1 = []
18. l2 = []
19. l3 = []
20. l4 = []
21. l5 = []
22. last_list = []
23. for i in range(0,N):
24.     l1 = new_data_list[i]
25.     for j in range(i + 1,N):
```

```
26.         l2 = new_data_list[j]
27.         if l1[1] == l2[0]:
28.             l3 = [l2[1],l1[1],"grandson","孙子"]
29.             if new_data_list.count(l3) == 0:
30.              l4.append(l3)
31.             else:
32.              l5.append(l3)
33. for m in l4:
34.     if m not in last_list:
35.         last_list.append(m)
36. last_list
```

代码分析：上述代码实现了一个简单的三元组推理过程。其中，第 4～6 行读入原始数据并将其转换为列表；第 9～15 行从列表中提取出包含推理关系 grandson 的元素并添加到新列表中；第 23～32 行利用两重 for 循环语句实现简单推理，并将推理结果添加到列表 l4 中；第 33～35 行借助 for 循环删除推理结果中的重复元素。

5. 实验结果

实验结果如图 5-6 所示，根据已有三元组，可以推理得到(贾赦 贾源 grandson)等新的三元组关系，从而拓展和丰富知识网络。

```
Out[23]: [['贾赦', '贾源', 'grandson', '孙子'],
          ['贾政', '贾源', 'grandson', '孙子'],
          ['贾兰', '贾政', 'grandson', '孙子'],
          ['甄宝玉', '甄宝玉祖母', 'grandson', '孙子'],
          ['皇帝', '先皇', 'grandson', '孙子'],
          ['贾敷', '贾演', 'grandson', '孙子'],
          ['贾敬', '贾演', 'grandson', '孙子'],
          ['贾珍', '贾代化', 'grandson', '孙子'],
          ['史鼐', '史侯', 'grandson', '孙子'],
          ['史鼎', '史侯', 'grandson', '孙子'],
          ['王夫人之大兄凤姐之父', '王公', 'grandson', '孙子'],
          ['王子腾', '王公', 'grandson', '孙子'],
          ['王子胜', '王公', 'grandson', '孙子'],
          ['王仁', '凤姐之祖王夫人之父', 'grandson', '孙子'],
          ['王狗儿', '王成父', 'grandson', '孙子'],
          ['王板儿', '王成', 'grandson', '孙子'],
          ['薛公之孙', '薛公', 'grandson', '孙子'],
          ['薛宝琴父', '薛公', 'grandson', '孙子'],
          ['薛蟠', '宝钗祖父', 'grandson', '孙子'],
          ['薛蝌', '宝钗祖父', 'grandson', '孙子'],
          ['贾瑞', '贾代儒', 'grandson', '孙子'],
          ['贾琏', '贾代善', 'grandson', '孙子'],
          ['贾琮', '贾代善', 'grandson', '孙子'],
          ['贾宝玉', '贾代善', 'grandson', '孙子'],
          ['贾环', '贾代善', 'grandson', '孙子'],
          ['贾珠', '贾代善', 'grandson', '孙子'],
          ['贾桂', '贾政', 'grandson', '孙子'],
          ['贾蓉', '贾敬', 'grandson', '孙子']]
```

图 5-6　程序推理结果

5.2 图像案例

项目4：小技巧，大用途——图像的微操作

1. 项目任务

学习过Photoshop的读者一定感叹过这款软件功能的强大吧，那么想不想试试自己开发一款图像处理软件呢？接下来的项目就可以帮你实现愿望。

【知识拓展】

OpenCV是一个开源的计算机视觉框架，它支持很多编程语言，如C++、Python、Java等。它也支持多种平台，包括Windows、Linux和macOS。

而OpenCV-Python是一个与Python一起使用的原始C++库的包装类。通过使用它，所有OpenCV数组结构都能被转换为NumPy数组或从NumPy数组转换而来，这样就可以轻松地将其与其他使用NumPy的库集成。

2. 项目准备

准备一张图片，本书采用的是计算机经典图片——莱娜图。

3. 环境配置

本项目使用的Python编译器是PyCharm，Python版本为3.7。

本项目主要使用的库有：

- OpenCV-Python
- matplotlib

4. 程序代码

1）直方图均衡化

```
1. import cv2
2. from matplotlib import pyplot as plt
3.
4. img = cv2.imread("./Beauty.png")
5. gray = cv2.cvtColor(img, cv2.COLOR_RGB2GRAY)
```

```
6. plt.imshow(gray,cmap = 'gray')
7. plt.show()
8. plt.close()
9. def histogram(gray):
10.     hist = cv2.calcHist([gray], [0], None, [256], [0.0, 255.0])
11.     plt.plot(range(len(hist)), hist)
12.     plt.show()
13.
14. histogram(gray)
15. dst = cv2.equalizeHist(gray)
16. histogram(dst)
17. plt.imshow(dst,cmap = 'gray')
18. plt.show()
```

(a) 原图

(b) 灰度图

图 5-7　转灰度示例图

代码分析：本段代码实现了将图像转换为灰度图、灰度直方图，并且进行直方图均衡化。主要使用 OpenCV 来帮助我们完成相关的操作。第 4、5 行表示将图片转为灰度图，第 6～8 行显示灰度图，图 5-7(b)即为图 5-7(a)的灰度图。histogram()函数的作用为显示灰度图中的像素分布，如第 14 行，调用该函数可以显示图 5-7(b)的像素分布，效果如图 5-8(a)所示。第 15 行调用 OpenCV 中的函数将图片进行直方图均衡化，图 5-8(b)为图 5-9(b)的像素分布，相比于之前，每个灰度级的分布更为均匀，图 5-9(b)为灰度图 5-9(a)进行直方图均衡化后的效果展示。

2）图像分割

```
1. import cv2
2. import matplotlib.pyplot as plt
3. img = cv2.imread('./seg_test_image.jpg')
4. gray = cv2.cvtColor(img,cv2.COLOR_BGR2GRAY)
5. _, dst_Otsu = cv2.threshold(gray,0,255,cv2.THRESH_BINARY_INV + cv2.THRESH_
OTSU)
6. plt.imshow(dst_Otsu,cmap = 'gray')
7. plt.axis(False)
8. plt.show()
```

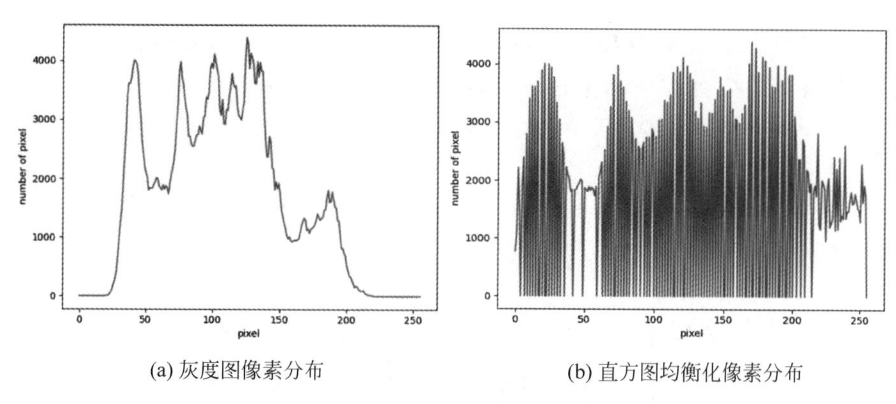

(a) 灰度图像素分布　　(b) 直方图均衡化像素分布

图 5-8　灰度图与直方图像素分布

(a) 灰度图　　(b) 直方图均衡化效果图

图 5-9　直方图均衡化效果图

代码分析：本部分主要实现图像分割。第 4 行实现 RGB 图到灰度图的转换，第 5 行使用 OpenCV 的方法实现阈值分割。实验结果如图 5-10 所示。

(a) 灰度图　　(b) 阈值分割效果图

图 5-10　阈值分割效果图

3）图像平滑

```
1. import cv2
2. from matplotlib import pyplot as plt
```

```
3. src_img = cv2.imread("beauty_noise.jpg", cv2.IMREAD_UNCHANGED)
4. rgb_img = cv2.cvtColor(src_img, cv2.COLOR_BGR2RGB)
5. dst_image = cv2.medianBlur(rgb_img,5)
6. plt.imshow(dst_image)
7. plt.axis(False)
8. plt.show()
```

代码分析：本部分使用OpenCV的方法对一张带有椒盐噪声的图像进行去噪。第3行实现图像的读入。第4行实现图像从BGR格式到RGB格式的转换，其中值得注意的是，使用OpenCV读取的图像通道为BGR，而PyPlot默认显示图像的格式是RGB，所以用于显示时需要将BGR格式的图像转换为RGB格式。第5行直接使用OpenCV中的中值滤波实现对图像的去噪，其中5为卷积核的大小。中值滤波的效果如图5-11(b)所示，相比于图5-11(a)，椒盐噪声得到了很好的抑制。

(a) 椒盐噪声图　　(b) 中值滤波后的效果图

图5-11　中值滤波效果图

4）几何处理

```
1. import cv2
2. import matplotlib.pyplot as plt
3. def rotation(img_gray):
4.     rows,cols,_ = img_gray.shape
5.     Mat = cv2.getRotationMatrix2D((cols/2,rows/2),90,1)
6.     dst = cv2.warpAffine(img_gray,Mat,(cols,rows))
7.     plt.imshow(dst,cmap = 'gray')
8.     plt.axis(False)
9.     plt.show()
10.
11. def flip(img_gray):
```

```
12.     flip_horiz_img = cv2.flip(img_gray, 1)
13.     flip_verti_img = cv2.flip(img_gray, 0)
14.     flip_horandver_img = cv2.flip(img_gray, -1)
15.     plt.imshow(flip_horiz_img, cmap='gray')
16.     plt.axis(False)
17.     plt.show()
18.
19. if __name__ == '__main__':
20.     img_gray = cv2.imread('Beauty_gray.png')
21.     rotation(img_gray)
22.     flip(img_gray)
```

代码分析：本段代码主要实现图像的几何变换。rotation()函数用来实现图像的旋转，原图如图 5-12(a)所示，旋转后的效果如图 5-12(b)所示。flip()函数用于实现图像翻转，原图及水平翻转后的效果图分别如图 5-13(a)和图 5-13(b)所示。第 5 行实现旋转矩阵的计算，第 6 行针对计算出的旋转矩阵对图像进行相应的变换。第 12～14 行分别为实现水平翻转、垂直翻转、水平垂直翻转。

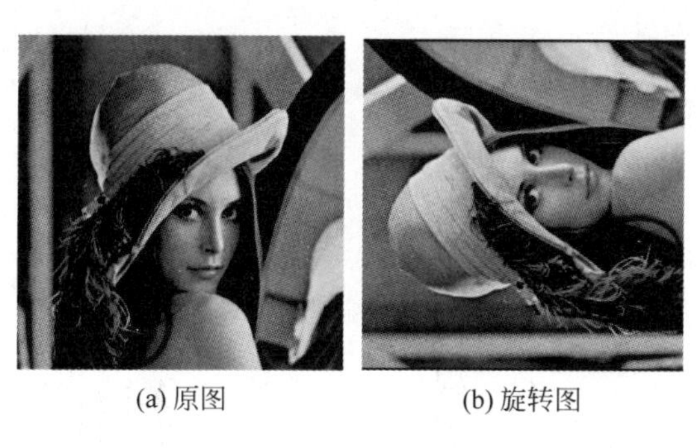

(a) 原图　(b) 旋转图

图 5-12　图像旋转效果图

(a) 原图　(b) 水平翻转图

图 5-13　图像翻转效果图

项目 5：机器识人——人脸识别

1. 项目任务

学校的人工智能社团活动室终于建成了，但是社团指导老师要求仅对社团成员开放，你能帮助老师设计一个人脸识别的门禁系统吗？让它能识别出每个社团成员。

【知识拓展】

PCA（Principal Component Analysis，主成分分析）是一种常用的数据分析方法，通过线性变换将原始数据变换为一组各维度线性无关的表示，可用于提取数据的主要特征分量，常用于高维数据的降维。

2. 项目准备

22 张训练图和 11 个测试数据。

3. 环境配置

本实验使用的 Python 编译器是 PyCharm，Python 版本为 3.7。

下面是一些需要主要使用的库：

- PIL
- matplotlib
- NumPy
- tkinter

4. 程序流程图

本实验的程序流程图如图 5-14 所示。

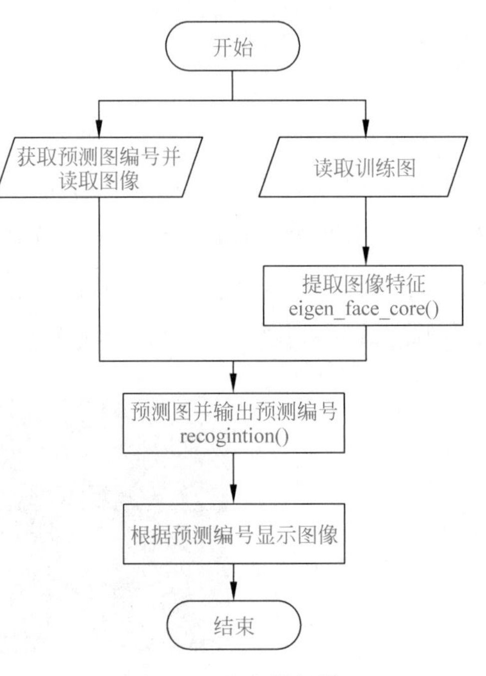

图 5-14　程序流程图

5. 程序代码

```
1. from PIL import Image
2. import os
3. import glob
4. import numpy as np
5. import matplotlib.pyplot as plt
6. from tkinter import Tk, Label, Entry, BOTTOM, Button
7. TRAIN_DATABASE = os.getcwd() + \\TrainDatabase\\
```

```
8. TEST_DATABASE = os.getcwd() + "\\TestDatabase\\"
9. # 读取图像
10. def create_database():
11.     database = []
12.     train_num = len(glob.glob(TRAIN_DATABASE + '*.jpg'))
13.     for index in range(train_num):
14.         picture_name = TRAIN_DATABASE + str(index + 1) + ".jpg"
15.         img = Image.open(picture_name)
16.         ih, iw = img.size
17.         img = np.array(img).T.reshape(ih * iw)
18.         database.append(img)
19.     database = np.array(database).T
20.     return database
21.
22. # 提取图像特征
23. def eigen_face_core(database):
24.     database_mean = np.mean(database, axis=1)
25.     ih, iw = database.shape
26.     img_vec_matrix = np.zeros((ih, iw))
27.
28.     for index in range(iw):
29.         img_vec_matrix[:, index] = database[:, index] - database_mean
30.
31.     covariance_matrix = np.dot(img_vec_matrix.T, img_vec_matrix)
32.     d, v = np.linalg.eig(covariance_matrix)
33.
34.     l_eig_vec = []
35.     for index in range(iw):
36.         if d[index] > 1:
37.             l_eig_vec.append(v[index, :])
38.     l_eig_vec = np.array(l_eig_vec).T
39.     eigenfaces = np.dot(img_vec_matrix, l_eig_vec)
40.
41.     return database_mean, img_vec_matrix, eigenfaces
42.
43. # 识别函数
44. def recogintion(test_img, database_mean, img_vec_matrix, eigenfaces):
```

```
45.     train_num = eigenfaces.shape[1]
46.     protected_img = []
47.     for index in range(train_num):
48.         temp = np.dot(eigenfaces.T, img_vec_matrix[:, index])
49.         protected_img.append(temp)
50.     protected_img = np.array(protected_img).T
51.     difference = test_img - database_mean
52.     protected_test_img = np.dot(eigenfaces.T, difference)
53.     euc_dist = []
54.     for index in range(train_num):
55.         q = protected_img[:, index]
56.         temp = np.square(np.linalg.norm(protected_test_img - q))
57.         euc_dist.append(temp)
58.     euc_dist_min = min(euc_dist)
59.     recognized_index = euc_dist.index(euc_dist_min)
60.     return euc_dist_min, recognized_index
61.
62. if __name__ == '__main__':
63.     test_img_num = 1
64.     root = Tk()
65.     root.title("选择测试图像")
66.     root.geometry('400x200')
67.     L1 = Label(root, text = "请输入图像编号(1 - 11)").pack()
68.     num_entry = Entry(root, bd = 5)
69.     num_entry.pack()
70.
71.     def start_recognize():
72.         global test_img_num
73.         test_img_num = num_entry.get()
74.         root.destroy()
75.     submit_button = Button(root, text = "确认", command = start_recognize).pack
(side = BOTTOM)
76.     root.mainloop()
77.     test_img = Image.open(TEST_DATABASE + str(test_img_num) + ".jpg")
78.     plt.figure("test image")
79.     plt.imshow(test_img, cmap = 'gray')
80.     plt.axis('off')
```

```
81.     plt.title('test image')
82.     plt.show()
83.     ih, iw = test_img.size
84.     test_img = np.array(test_img).T.reshape(ih * iw)
85.
86.     database = create_database()
87.     database_mean, img_vec_matrix, eigenfaces = eigen_face_core(database)
88.     euc_dist_min, recognized_index = recogintion(test_img, database_mean, img
_vec_matrix, eigenfaces)
89.     recognized_img = Image.open(TRAIN_DATABASE + str(recognized_index + 1)
+ ".jpg")
90.     plt.figure("recognized image")
91.     plt.imshow(recognized_img)
92.     plt.axis('off')
93.     plt.imshow(recognized_img, cmap = 'gray')
94.     plt.show()
```

代码分析：首先使用PCA对人脸图像进行特征提取，然后对输入的图像进行预测。其中主要涉及NumPy的相关操作，第31行表示对两个矩阵进行点乘，第24行为求均值，第50行表示对矩阵求转置，第32行表示提取对角矩阵和特征向量。效果如图5-15和图5-16所示，其中图5-15为可视化测试框，例如，选择图5-16(a)所示需要识别的人脸图像，则最终将识别出图5-16(b)与其为同一个人。

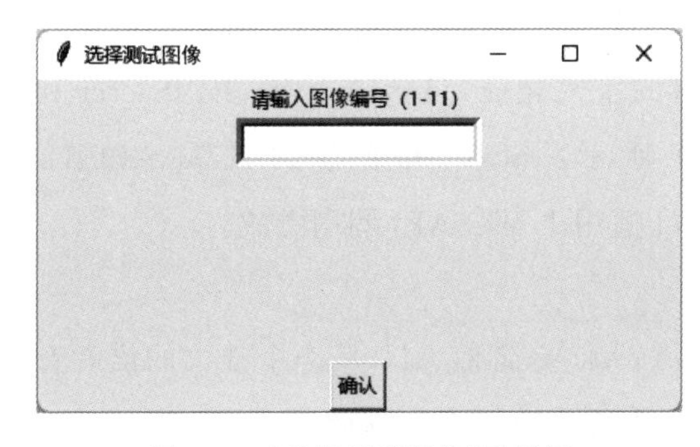

图5-15 “选择测试图像”对话框

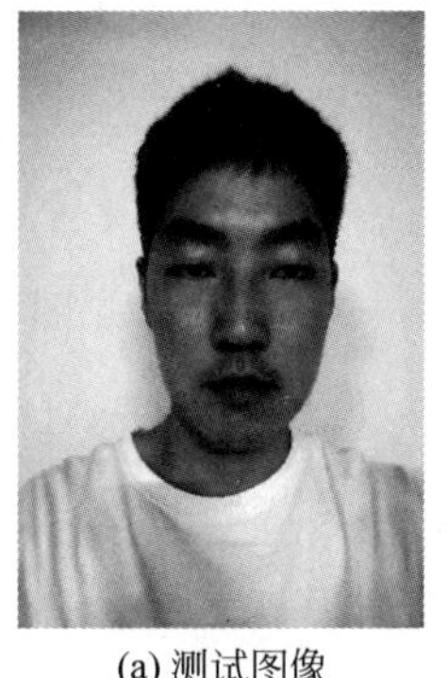
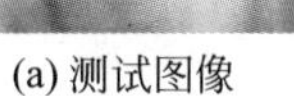

(a) 测试图像

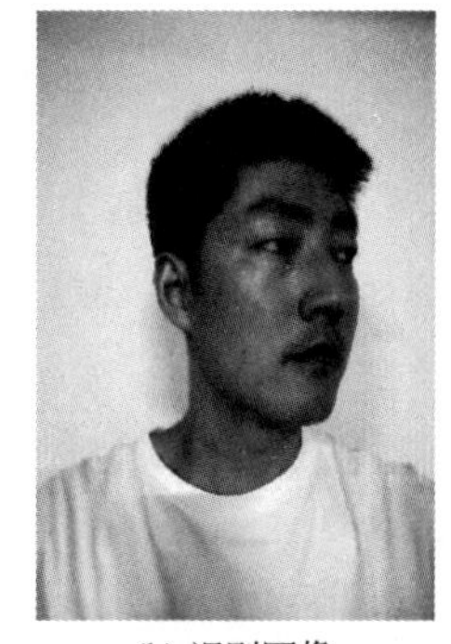

(b) 识别图像

图5-16 人脸识别测试

5.3 语音案例

项目6：你说，我听——语音识别

1. 项目任务

目前，线上课程已成为常态，但这样的上课形式让同学们很不适应，听课记笔记也变得越来越困难。有同学感慨道：如果能有一台机器可以把老师的话帮我转换成文字就好了。同学们，其实语音识别就可以解决这个难题。

2. 项目准备

1）科大讯飞语音识别接口

本书的案例皆基于科大讯飞平台接口进行，要使用科大讯飞平台首先需要注册账号，登录科大讯飞的官方网站进行账号注册，然后进入控制台并创建一个新的语音服务应用。

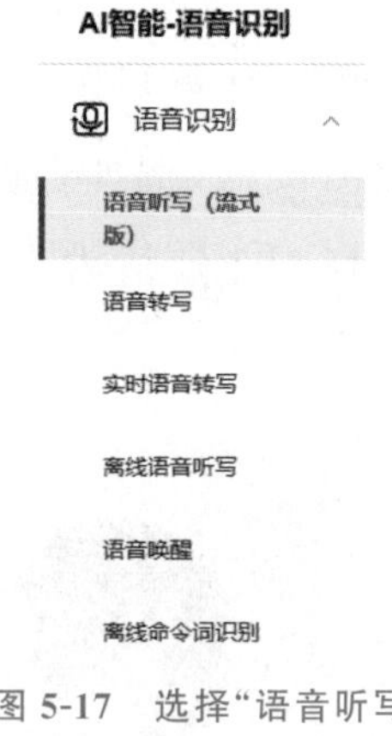

图 5-17　选择“语音听写（流式版）”模块

接下来，可以选择语音识别、语音合成、语音拓展、文字识别、图像识别等功能。本节主要使用语音识别功能，选择“语音识别”下的“语音听写（流式版）”模块，如图5-17所示。

科大讯飞为每个开发者每天提供500次的免费识别服务，界面如图5-18所示。

最后，需要注意的是服务接口认证信息，它是调用应用程序编程接口（API）时的重要凭证，包括APPID、APISecret和APIKey，如图5-19所示。SDK调用方式只需APPID。APIKey或APISecret适用于WebAPI调用方式。

2）语音处理工具

这里采用的语音处理工具主要是Adobe Audition，简称AU，是一个强大的语音音频编辑及处理工具，可以查看音频的波形、频谱图并进行降噪编辑等操作，如图5-20所示。

图 5-18　控制台用量显示

图 5-19　服务接口认证信息

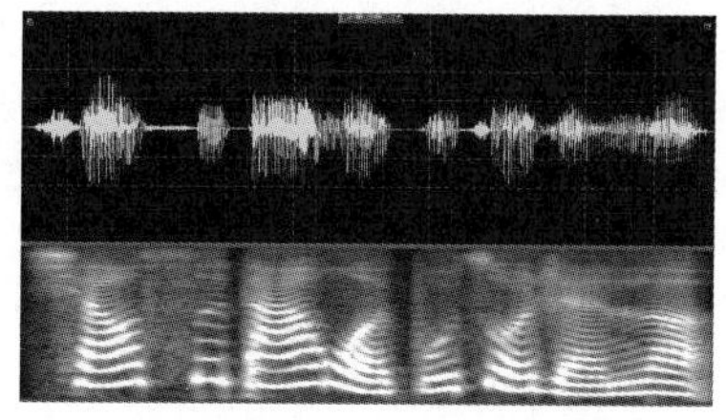

图 5-20　语音波形(上)和频谱图(下)

3）语音文件准备

不同的语音文件可以采用不同的编码方式，但是不同的编码方式会对识别结果产生影响。本文主要采用 PCM 格式的音频文件，防止其他文件在进行转码的过程中产生误差。

3．环境配置

本项目使用的 Python 编译器是 PyCharm，Python 版本为 3.7。

下面是一些主要使用的库：

- pyaudio
- Matplotlib
- os
- threading
- websocket
- tkinter

4. 程序代码

1）录音模块

```
1. import pyaudio
2. import os
3. import threading
4. import _thread
5. import wave
6. import time
7. from datetime import datetime
8.
9. class Audio():
10.     def __init__(self,chunk = 1024,channels = 2,rate = 44100):
11.         self.chunk = chunk
12.         self.channels = channels
13.         self.rate = rate
14.         self.running = True
15.         self.frame = []
16.         self.format = pyaudio.paInt16
17.         self.seconds = 5
18.     def run(self):
19.         self.running = True
20.         self.frame = []
21.         pa = pyaudio.PyAudio()
22.         #查找录音设备
23.         device = self.findDevice(pa)
24.         stream = pa.open(
25.             format = self.format,
26.             channels = self.channels,
27.             rate = self.rate,
28.             input = True,
```

```
29.             frames_per_buffer = self.chunk
30.         )
31.         for i in range(0,int(self.rate/self.chunk * self.seconds)):
32.             data = stream.read(self.chunk)
33.             self.frame.append(data)
34.         stream.stop_stream()
35.         stream.close()
36.         pa.terminate()
37.         return
38.     def stop(self):
39.         self.running = False
40.
41.     def save(self,fileName):
42.         pa = pyaudio.PyAudio()
43.         f = wave.open(fileName,'wb')
44.         f.setnchannels(self.channels)
45.         f.setframerate(self.rate)
46.         f.setsampwidth(pa.get_sample_size(self.format))
47.         f.writeframes(b''.join(self.frame))
48.         f.close()
49.         pa.terminate()
50.
51. if __name__ == '__main__':
52.     print("开始录音:")
53.     audio = Audio()
54.     begin = time.time()
55.     audio.run()
56.     status = True
57.
58.     while status:
59.         temp = input("输入 e 结束录音")
60.         if temp == 'e':
61.             running = False
62.             audio.stop()
63.             t = time.time() - begin
64.             audio.save("rec_" + datetime.now().strftime("%Y-%m-%d_%H
-%M-%S") + ".wav")
```

代码分析：本段代码实现一个简单的录音模块功能，使用 pyaudio 进行录音，设置需要的参数，便于接下来的进一步处理。

2）转换模块

```
1. import wave
2. import numpy as np
3. from datetime import datetime
4.
5. wavFilePath = ''
6. pcmFilePath = ''
7. bits = 16
8. channels = 1
9.
10. def w2pcm(dataType = np.int16):
11.     f = open(wavFilePath,"rb")
12.     f.seek(0)
13.     f.read(44)
14.     data = np.fromfile(f,dtype = dataType)
15.     data.tofile(pcmFilePath + datetime.now().strftime("%Y-%m-%d_%H-%M-%S") + '.pcm')
16.     print("success!")
17.
18. if __name__ == '__main__':
19.     wavFilePath = "D:\\PyCharm 2018.3.7\\语音识别\\示例 demo\\rec_2021-03-06_23-24-34.wav"
20.     pcmFilePath = "D:\\PyCharm 2018.3.7\\语音识别\\示例 demo\\"
21.     w2pcm()
```

代码分析：因为录音时得到的是 WAV 格式的文件，而接下来要使用的是 PCM 格式的文件，所以需要先进行文件格式的转换。其中第 21 行调用了 w2pcm()函数，该函数将 WAV 格式文件转换为 PCM 格式。

3）开始识别

```
1. import tkinter as tk
2. from tkinter import filedialog
3. from tkinter import *
```

```
4. import websocket
5. import base64
6. import json
7. import time
8. from wsgiref.handlers import format_date_time
9. from datetime import datetime
10. from time import mktime
11. import hmac
12. import hashlib
13. from urllib.parse import urlencode
14. import ssl
15. import _thread as thread
16.
17. # 初始声明参数
18. APPID = '6038af0f'
19. APISecket = '3b440fe97c7ddeb6403dce7e0749524b'
20. APIKey = 'ee16de0da9b2775c2a08b7a24336cd00'
21. AudioFile = ''
22. Common = ''
23. Business = ''
24. Data = ''
25. STATUS_FIRST_FRAME = 0 # 第一帧的标识
26. STATUS_CONTINUE_FRAME = 1 # 中间帧的标识
27. STATUS_LAST_FRAME = 2 # 最后一帧的标识
28. result = ""
29. data = []
30.
31. # 在通过 websocket 连接时,请求方需要对请求进行签名,服务端通过签名来校验请
#求的合法性
32. def getUrl():
33.     hostUrl = 'wss://ws-api.xfyun.cn/v2/iat'
34.     # 鉴权参数包括 host、date、authorization
35.     # 生成 RFC1123 格式的时间戳
36.     now = datetime.now()
37.     date = format_date_time(mktime(now.timetuple()))
38.     # 拼接字符串
39.     signature_origin = "host: " + "ws-api.xfyun.cn" + "\n"
```

```
40.    signature_origin += "date: " + date + "\n"
41.    signature_origin += "GET " + "/v2/iat " + "HTTP/1.1"
42.    # 对 hmac - sha256 进行加密
43.    signature_sha = hmac.new(APISecket.encode('utf-8'), signature_origin.
encode('utf-8'),
44.                             digestmod = hashlib.sha256).digest()
45.    signature_sha = base64.b64encode(signature_sha).decode(encoding = 'utf-8')
46.    authorization_origin = "api_key = \"%s\", algorithm = \"%s\", headers =
\"%s\", signature = \"%s\"" % ( APIKey, "hmac - sha256", "host date request -
line", signature_sha)
47.    authorization = base64.b64encode(authorization_origin.encode('utf-8')).
decode(encoding = 'utf-8')
48.    # 将请求的鉴权参数组合为字典
49.    v = {
50.        "authorization": authorization,
51.        "date": date,
52.        "host": "ws-api.xfyun.cn"
53.    }
54.    # 拼接鉴权参数,生成 url
55.    callUrl = hostUrl + '' + urlencode(v)
56.    return callUrl
57. # data 参数设置
58. def getData():
59.    status = STATUS_FIRST_FRAME
60.    frameSize = 8000 #每帧音频的大小
61.    intervel = 0.04 #发送音频的间隔
62.    #打开选中的音频文件
63.    with open(AudioFile,"rb") as au:
64.        while True:
65.            buff = au.read(frameSize)
66.            #读取到音频最后一帧,设置 status
67.            if not buff:
68.                status = STATUS_LAST_FRAME
69.            #第一帧的处理
70.            if status == 0:
71.                data = {"Common":Common,"format":"audio/L16;rate = 8000",
"encoding": "raw",
72.                        "audio": str(base64.b64encode(buff), 'utf-8')}
```

```
73.                    #上述 data 包括公共参数 Common、采样率 8000、raw 原生音频、pcm
格式、base64 编码
74.                    data = json.dumps(data)
75.                    #webapi 传送格式为 JSON,将 data 转为 JSON 格式的数据发送
76. # 收到 websocket 消息的处理
77. def on_message(ws, message):
78.     global result
79.     print("进入 on_message")
80.     try:
81.         code = json.loads(message)["code"]
82.         sid = json.loads(message)["sid"]
83.         if code != 0:
84.             errMsg = json.loads(message)["message"]
85.             print("sid: %s call error: %s code is: %s" % (sid, errMsg, code))
86.         else:
87.             data = json.loads(message)["data"]["result"]["ws"]
88.             for i in data:
89.                 for w in i["cw"]:
90.                     result += w["w"]
91.             print("sid: %s call success!,data is: %s" % (sid, json.dumps
(data, ensure_ascii = False)))
92.     except Exception as e:
93.         print("receive msg,but parse exception:", e)
94. # 收到 websocket 错误的处理
95. def on_error(ws, error):
96.     print("### error:", error)
97.
98. # 收到 websocket 关闭的处理
99. def on_close(ws):
100.    print("### closed ###")
101.
102. def on_open(ws):
103.    print("进入 on_open",AudioFile)
104.
105.    def run(*args):
106.        status = STATUS_FIRST_FRAME
107.        frameSize = 8000 # 每帧音频的大小
```

```
108.            intervel = 0.04 # 发送音频的间隔
109.
110.            # 打开选中的音频文件
111.            with open(AudioFile, "rb") as au:
112.                while True:
113.                    buff = au.read(frameSize)
114.                    # 读取到音频最后一帧,设置 status
115.                    if not buff:
116.                      status = STATUS_LAST_FRAME
117.                    # 第一帧的处理
118.                    if status == 0:
119.                      # print("读取第一帧")
120.                      Data = {"status": 0, "format": "audio/L16;rate = 16000",
"encoding": "raw",
121.                              "audio": str(base64.b64encode(buff), 'utf - 8')}
122.                      data = {"common":Common,"business":Business,"data":Data}
123.                      # 上述 data 包括公共参数 Common、采样率 8000、raw 原生音频、
                          # pcm 格式、base64 编码
124.
125.                      data = json.dumps(data)
126.                      # webapi 传送格式为 JSON 将 data 转为 JSON 格式的数据发送
127.                      ws.send(data)
128.                      status = STATUS_CONTINUE_FRAME
129.                    elif status == 1:
130.                      # print("读取中间帧")
131.                      data = {"data": {"status": 1, "format": "audio/L16;rate =
16000",
132.                                  "audio": str(base64.b64encode(buff), 'utf - 8'),
133.                                  "encoding": "raw"}}
134.                      data = json.dumps(data)
135.                      ws.send(data)
136.                    else:
137.                      # print("读取最后一帧")
138.                      data = {"data": {"status": 2, "format": "audio/L16;rate =
16000",
139.                                  "audio": str(base64.b64encode(buff), 'utf - 8'),
```

```
140.                                "encoding": "raw"}}
141.                     data = json.dumps(data)
142.                     ws.send(data)
143.                     time.sleep(1)
144.                     break
145.                     # 模拟音频采样间隔
146.                 time.sleep(intervel)
147.         ws.close()
148.     thread.start_new_thread(run,())
149.
150. # 初始化请求参数
151. # 请求参数类型为 JSON,包括公共参数、业务参数、公共数据流参数
152. def Init():
153.     # common 参数就是控制台提供的 APPID
154.     global Common
155.     Common = {"app_id" : APPID}
156.     #business 参数包含许多参数,具体参数可以查看 API 文档
157.     global Business
158.      # Business = {"language":"zh_cn","domain":"iat","accent":"mandarin",
"vad_eos":5000,"dwa":"wpgs","vinfo":1,}
159.     Business = {"language": "zh_cn", "domain": "iat", "accent": "mandarin",
"vad_eos": 10000,
160.                 "vinfo": 1, }
161.     #上述业务参数 分别代表:中文选择、日常用语、中文普通话、静默检测为 5000
     #毫秒、打开动态修正、返回子句结果对应的起始和结束的端点帧偏移值
162.     return (getUrl())
163.
164. class Audio(Frame):
165.     def __init__(self, parent = None):
166.         # Frame.winfo_geometry()
167.         Frame.__init__(self, parent)
168.         self.pack(expand = YES)
169.         root.title("语音识别")
170.         root.geometry("500x500")
171.         self.L1 = tk.Label(text = "识别结果:")
172.         self.res = tk.Text()
173.         self.SelectAudio()
```

```
174.    # 选择音频函数
175.    def Select(self):
176.        self.filePath = filedialog.askopenfilename()
177.    # 结果显示函数
178.    def showResult(self):
179.        global result
180.        self.res.insert('insert',result)
181.        pass
182.
183.    # 退出函数
184.    def exit(self):
185.        # self.destroy()
186.        root.destroy()
187.
188.    # 发送数据函数
189.    def Submit(self):
190.        global AudioFile
191.        AudioFile = audio.filePath
192.        websocket.enableTrace(True)
193.        # print(audio)
194.        url = Init()
195.        print(url)
196.        ws = websocket.WebSocketApp(url, on_message = on_message, on_error =
on_error, on_close = on_close)
197.        ws.on_open = on_open
198.        ws.run_forever(sslopt = {"cert_reqs": ssl.CERT_NONE})
199.        time2 = datetime.now()
200.        self.showResult()
201.    # 中转函数
202.    def SelectAudio(self):
203.        self.L1.pack()
204.        self.res.pack()
205.        self.audioSelect = tk.Button(self, text = "选择音频", command = self.
Select).pack()
206.        # self.audioSelect.grid(row = 0,column = 2)
207.        self.Q = tk.Button(self, text = "确认", command = self.Submit).pack()
208.        self.exit = tk.Button(self,text = "退出",command = self.exit).pack()
```

```
209.            # self.Q.grid(row = 2,column = 1)
210. if __name__ == '__main__':
211.     #APPID、APISecret 、APIKey
212.     root = Tk()
213.     audio = Audio()
214.     audio.mainloop()
215.     print(result)
```

代码分析：开始识别语音，第 164 行创建了一个语音的 Audio 类，将选择的音频使用第 189 行定义的 Submit()函数通过科大讯飞提供的语音识别接口——API——上传，最后将识别结果取回本地并通过第 178 行的 show_Result()函数显示。

5. 实验结果

运行结果如图 5-21～图 5-23 所示。

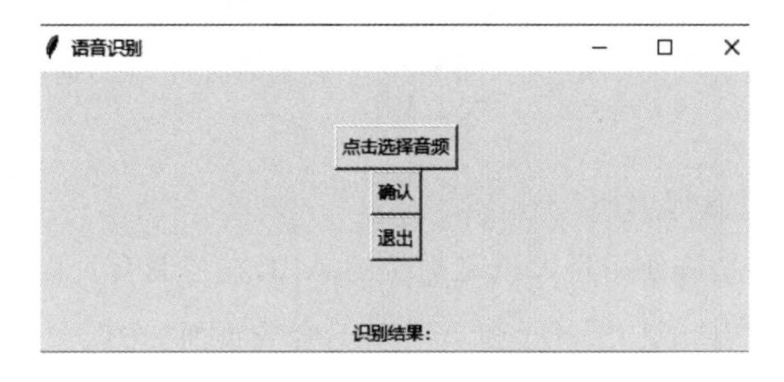

图 5-21　主页面

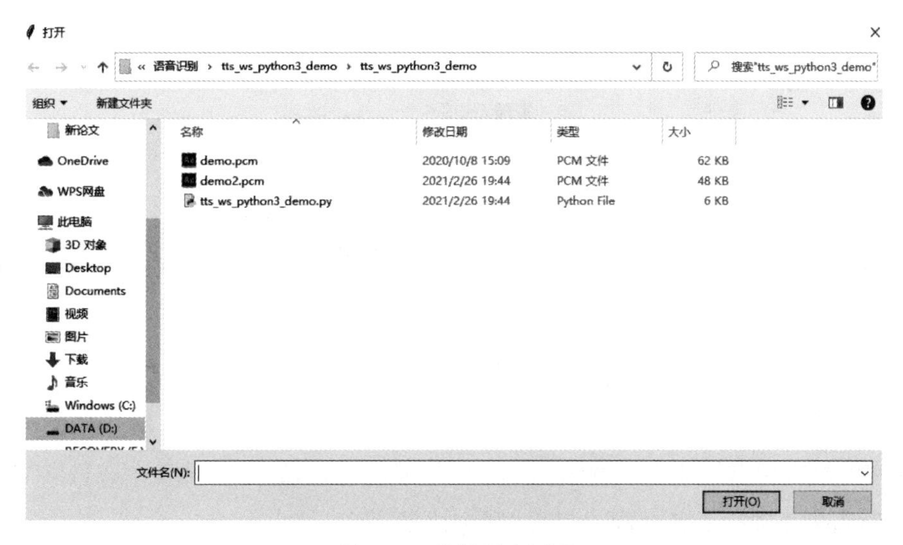

图 5-22　选择语音页面

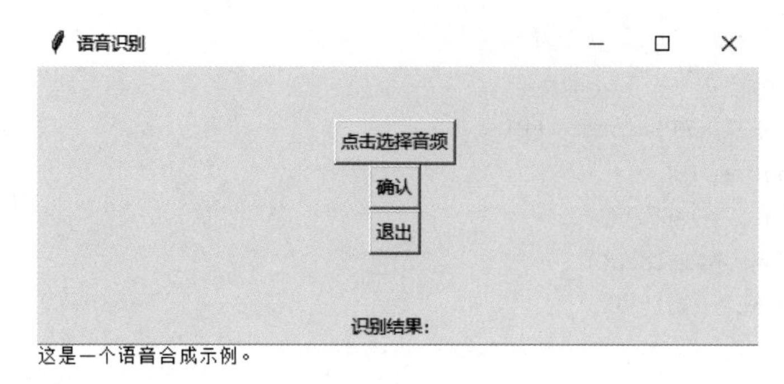

图 5-23　识别结果

项目7：AI的嘴巴——语音合成

1. 项目任务

在日常生活中，看书是学习的重要方式，但如果想要听书怎么办？本项目将使用语音合成的功能来对获取的书籍(《三国演义》)生成语音并自动播放。

2. 项目准备

1) 科大讯飞语音合成API

语音合成部分将继续使用科大讯飞提供的API，在控制台页面选择语音合成功能，然后查看提供的APPID、APISecret和APIKey，合成页面如图5-24所示。

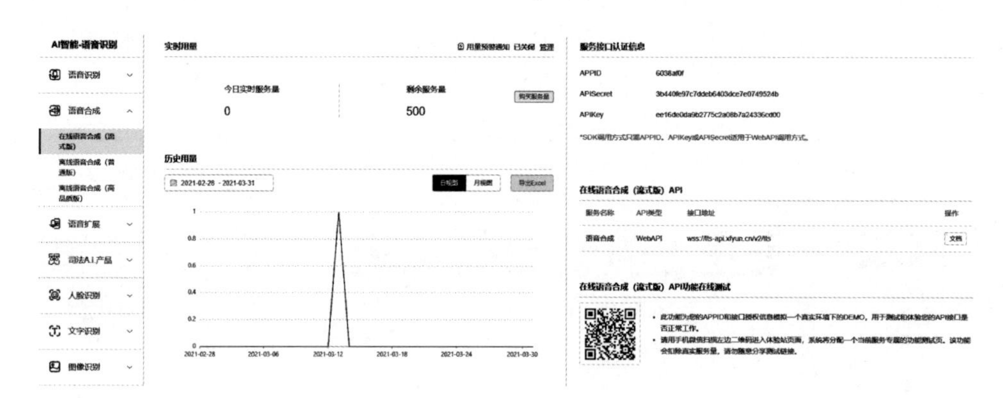

图 5-24　语音合成页面

2) 数据准备

本项目利用爬虫的知识从网站获取《三国演义》的内容并写入txt文件，然后使用科大讯飞的API进行语音合成，最后试听生成的语音。

3. 环境配置

本项目使用的 Python 编译器是 PyCharm，Python 版本为 3.7。

下面是一些主要使用的库：

- BeautifulSoup
- re
- request
- wave

4. 程序代码

1）内容获取

```
1. from bs4 import BeautifulSoup
2. import re
3. import os
4. import requests
5. headers = {
6.         'UserAgent':'Mozilla/5.0 (Windows NT 6.1;WOW64) AppleWebKit/537.36
(KHTML, like Gecko) Chrome/62.0.3202.94 Safari/537.36'
7.         }
8. url = "https://www.biquger.com/biquge/19386/6246597"
9. html = requests.get(url,headers = headers).text.encode('iso-8859-1').decode
('utf-8')
10. soup = BeautifulSoup(html,'lxml')
11. title = soup.find('h1').text
12. content = soup.find(class_ = 'content').text
13.
14. with open("sanguo.txt",'w',encoding = 'utf-8') as f:
15.         f.write(title + '\n')
16.         f.write(content)
17. f.close()
18. print(title)
```

代码分析：这段代码主要通过爬虫获取了《三国演义》中的一小段内容，用于后面的语音合成。其中第 9 行使用 requests 库来获取网页信息，然后第 10～12 行通过 BeautifulSoup 库进行信息提取。

2)语音合成

```
1. import websocket
2. import datetime
3. import hashlib
4. import base64
5. import hmac
6. import json
7. from urllib.parse import urlencode
8. import time
9. import ssl
10. from wsgiref.handlers import format_date_time
11. from datetime import datetime
12. from time import mktime
13. import _thread as thread
14. import os
15. STATUS_FIRST_FRAME = 0 # 第一帧的标识
16. STATUS_CONTINUE_FRAME = 1 # 中间帧的标识
17. STATUS_LAST_FRAME = 2 # 最后一帧的标识
18. num = 1
19.
20. class Ws_Param(object):
21.     # 初始化
22.     def __init__(self, APPID, APIKey, APISecret, Text):
23.         self.APPID = APPID
24.         self.APIKey = APIKey
25.         self.APISecret = APISecret
26.         self.Text = Text
27.         # 公共参数(common)
28.         self.CommonArgs = {"app_id": self.APPID}
29.         # 业务参数(business)
30.         self.BusinessArgs = {"aue": "raw", "auf": "audio/L16;rate = 16000",
"vcn": "xiaoyan", "tte": "utf8"}
31.         self.Data = {"status": 2, "text": str(base64.b64encode(self.Text.
encode('utf-8')), "UTF8")}
32.
33.     # 生成 url
34.     def create_url(self):
```

```
35.         url = 'wss://tts-api.xfyun.cn/v2/tts'
36.         # 生成 RFC1123 格式的时间戳
37.         now = datetime.now()
38.         date = format_date_time(mktime(now.timetuple()))
39.
40.         # 拼接字符串
41.         signature_origin = "host: " + "ws-api.xfyun.cn" + "\n"
42.         signature_origin += "date: " + date + "\n"
43.         signature_origin += "GET " + "/v2/tts " + "HTTP/1.1"
44.         # 对 hmac-sha256 进行加密
45.         signature_sha = hmac.new(self.APISecret.encode('utf-8'), signature_
origin.encode('utf-8'),
46. digestmod=hashlib.sha256).digest()
47.         signature_sha = base64.b64encode(signature_sha).decode(encoding=
'utf-8')
48.         authorization_origin = "api_key=\"%s\", algorithm=\"%s\",
headers=\"%s\", signature=\"%s\"" % (self.APIKey, "hmac-sha256", "host date
request-line", signature_sha)
49.         authorization = base64.b64encode(authorization_origin.encode('utf-8')).
decode(encoding='utf-8')
50.         # 将请求的鉴权参数组合为字典
51.         v = {
52.             "authorization": authorization,
53.             "date": date,
54.             "host": "ws-api.xfyun.cn"
55.         }
56.         # 拼接鉴权参数,生成 url
57.         url = url + '' + urlencode(v)
58.         return url
59.
60. def on_message(ws, message):
61.     global num
62.     try:
63.         message = json.loads(message)
64.         code = message["code"]
65.         sid = message["sid"]
66.         audio = message["data"]["audio"]
```

```
67.         audio = base64.b64decode(audio)
68.         status = message["data"]["status"]
69.         print(message)
70.         if status == 2:
71.             print("ws is closed")
72.             ws.close()
73.         if code != 0:
74.             errMsg = message["message"]
75.             print("sid: % s call error: % s code is: % s" % (sid, errMsg, code))
76.         else:
77.             with open('./demo.pcm', 'ab') as f:
78.                 f.write(audio)
79.     except Exception as e:
80.         print("receive msg,but parse exception:", e)
81.
82. # 收到websocket错误的处理
83. def on_error(ws, error):
84.     print("### error:", error)
85.
86. # 收到websocket关闭的处理
87. def on_close(ws):
88.     print("### closed ###")
89. # 收到websocket连接建立的处理
90. def on_open(ws):
91.     def run( * args):
92.         d = {"common": wsParam.CommonArgs,
93.             "business": wsParam.BusinessArgs,
94.             "data": wsParam.Data,
95.             }
96.         d = json.dumps(d)
97.         print("------>开始发送文本数据")
98.         ws.send(d)
99.     thread.start_new_thread(run, ())
100. def getText(textName):
101.     text = []
102.     with open(textName,'r',encoding = 'utf-8') as ff:
103.         flag = True
```

```
104.         while(flag):
105.             info = ff.readline()
106.             if info == "":
107.                 flag = False
108.             else:
109.                 if info != '\n':
110.                     info = info.strip('\n')
111.                     info = "".join(info.split())
112.                     # print(info)
113.                     text.append(info)
114.     return text
115. if __name__ == "__main__":
116.     # 测试时候在此处正确填写相关信息即可运行
117.     textName = "sanguo.txt"
118.     Text = getText(textName)
119.     # print(Text)
120.     for i in Text:
121.         wsParam = Ws_Param(APPID = '6038af0f', APISecret =
'3b440fe97c7ddeb6403dce7e0749524b', APIKey = 'ee16de0da9b2775c2a08b7a24336cd00', Text = i)
122.         websocket.enableTrace(False)
123.         wsUrl = wsParam.create_url()
124.         ws = websocket.WebSocketApp(wsUrl, on_message = on_message, on_error
= on_error, on_close = on_close)
125.         ws.on_open = on_open
126.         ws.run_forever(sslopt = {"cert_reqs": ssl.CERT_NONE})
```

代码分析：将内容通过科大讯飞语音合成 API 上传到科大讯飞云端进行语音合成，将合成的语音保存到本地。因为科大讯飞限制上传的字数，所以在第 120～126 行通过循环的方式将文本分段上传。

3）播放

使用 pyaudio 播放语音。

```
1. import wave
2. import pyaudio
3. wavFilePath = "demo.wav"
4. pcmFilePath = "demo.pcm"
```

```
5. bits = 16
6. channels = 1
7. def p2wav(rate):
8.     pcmFile = open(pcmFilePath,"rb")
9.     pcmdata = pcmFile.read()
10.    pcmFile.close()
11.
12.    if bits % 8!= 0:
13.        raise ValueError("bits % 8 必须为 0")
14.
15.    wavFile = wave.open(wavFilePath,"wb")
16.    wavFile.setnchannels(channels)
17.    wavFile.setsampwidth(bits//8)
18.    wavFile.setframerate(rate)
19.    wavFile.writeframes(pcmdata)
20.    wavFile.close()
21.
22. def brostcast():
23.    CHUNK = 1024
24.    # 只读方式打开 wav 文件
25.    wf = wave.open(r'demo.wav', 'rb')
26.    pa = pyaudio.PyAudio()
27.    # 打开数据流
28.    stream = pa.open(format = pa.get_format_from_width(wf.getsampwidth()),
29.                     channels = wf.getnchannels(),
30.                     rate = wf.getframerate(),
31.                     output = True)
32.    # 读取数据
33.    data = wf.readframes(CHUNK)
34.    # 播放
35.    while data != '':
36.        stream.write(data)
37.        data = wf.readframes(CHUNK)
38.    # 停止数据流
39.    stream.stop_stream()
40.    stream.close()
41.    # 关闭 pyaudio
```

```
42.     pa.terminate()
43.
44. if __name__ == '__main__':
45.     p2wav(16000)
46.     brostcast()
```

5. 实验结果

运行结果如图 5-25 和图 5-26 所示。

图 5-25　合成语音信息

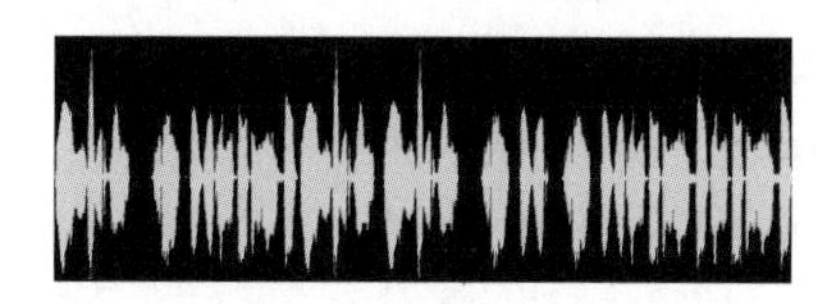

图 5-26　合成语音波形图

5.4 综合案例

项目 8：AI 的眼睛——数字手写体识别

1. 项目任务

如果有人发来一张图片，而我们需要提取出图片中的数字，那么怎么办？下面我们就来尝试开发一款能够识别数字手写体的程序吧！

2. 项目准备

可以准备一些测试图片用来测试模型的效果。训练集可以直接使用 torchvision 库中提供的。

3. 环境配置

使用的 Python 编译器是 PyCharm，Python 版本为 3.7。

下面是一些主要使用的库：

- pytorch
- torchvision

4. 程序框架

程序框架如图 5-27 所示。

手写体识别

- checkpoints（模型）
  - mnist.pth
- train_data（训练数据）
  - MNIST
- test_image（测试图片）
- code（代码）
  - net.py
  - train.py
  - predict.py

图 5-27　程序框架

5. 程序代码

1）搭建网络（net. py）

```
1. import torch.nn as nn
2. import torch.nn.functional as F
3.
4. class ConvNet(nn.Module):
5.     def __init__(self):
6.         super().__init__()
7.         self.conv1 = nn.Conv2d(1, 10, 5)
8.         self.conv2 = nn.Conv2d(10, 20, 3)
9.         self.fc1 = nn.Linear(20 * 10 * 10, 500)
10.        self.fc2 = nn.Linear(500, 10)
11.    def forward(self, x):
12.        in_size = x.shape[0]
13.        out = self.conv1(x)
14.        out = F.relu(out)
15.        out = F.max_pool2d(out, 2, 2)
16.        out = self.conv2(out)
17.        out = F.relu(out)
18.        out = out.view(in_size, -1)
19.        out = self.fc1(out)
20.        out = F.relu(out)
21.        out = self.fc2(out)
22.        out = F.log_softmax(out, dim = 1)
23.        return out
```

代码分析：net. py 主要的作用是定义模型的网络结构，将定义好的网络写成一个类，方便之后调用。本书定义了一个简单的网络模型，其中包括了卷积操作、激活函数、最大池化等。

代码主要分为两部分：第一部分是初始化函数，主要作用是初始化卷积核、线性层等；第二部分是内置 forward()函数，作用为调用初始化好的函数，对图片进行处理。图片输入尺寸为1×1×28×28，第一个1表示图片数；第二个1表示通道数，对于灰度图通道数为1，两个28分别表示图片的长和宽。

Conv2d()函数中的第一个参数表示输入的通道数，第二个表示输出的通道数，第三个参数表示卷积核的大小，例如，第7行表示输入和输出的通道数分别为1和10，卷积核大小为5×5。

Linear()函数用于对输入数据做线性变化，其中第一个参数表示输入的样本通道数，第二个参数表示输出的样本通道数，例如第10行表示输入的通道数为500，输出的通道数为10。最终通道数输出为10，是因为我们的任务需要识别0～9的数字，因此可以将其理解为是一个10分类的问题。

2）模型训练(train.py)

```
1. import torch
2. import torch.optim as optim
3. from torchvision import datasets, transforms
4. from Net import ConvNet
5. import torch.nn.functional as F
6.
7. BATCH_SIZE = 512
8. EPOCHS = 20
9. DEVICE = torch.device("cuda" if torch.cuda.is_available() else "cpu")
10.
11. train_loader = torch.utils.data.DataLoader(
12.     datasets.MNIST('data', train = True, download = True,
13.             transform = transforms.Compose([
14.                 transforms.ToTensor(),
15.                 transforms.Normalize((0.1037,), (0.3081,))
16.             ])),
17. batch_size = BATCH_SIZE, shuffle = True)
18.
19. test_loader = torch.utils.data.DataLoader(
20. datasets.MNIST('data', train = False, transform = transforms.Compose([
21.     transforms.ToTensor(),
```

```
22.     transforms.Normalize((0.1037,), (0.3081,))
23. ])),
24. batch_size = BATCH_SIZE, shuffle = True)
25.
26. model = ConvNet().to(DEVICE)
27. optimizer = optim.Adam(model.parameters())
28.
29. def train(model, device, train_loader, optimizer, epoch):
30.     model.train()
31.     for batch_idx, (data, target) in enumerate(train_loader):
32.         data, target = data.to(device), target.to(device)
33.         optimizer.zero_grad()
34.         output = model(data)
35.         loss = F.nll_loss(output, target)
36.         loss.backward()
37.         optimizer.step()
38.         if (batch_idx + 1) % 30 == 0:
39.             print('Train Epoch: {} [{}/{} ({:.0f}%)]\tLoss: {:.6f}'.format(
40.                 epoch, batch_idx * len(data), len(train_loader.dataset),
41.                 100. * batch_idx / len(train_loader), loss.item())
42.
43. def test(model, device, test_loader):
44.     model.eval()
45.     test_loss = 0
46.     correct = 0
47.     with torch.no_grad():
48.         for data, target in test_loader:
49.             data, target = data.to(device), target.to(device)
50.             output = model(data)
51.             test_loss += F.nll_loss(output, target, reduction = 'sum')
52.             pred = output.max(1, keepdim = True)[1]
53.             correct += pred.eq(target.view_as(pred)).sum().item()
54.
55.     test_loss /= len(test_loader.dataset)
56.     print("\nTest set: Average loss: {:.4f}, Accuracy: {}/{} ({:.0f}%) \n".
format(
57.         test_loss, correct, len(test_loader.dataset),
```

```
58.         100. * correct / len(test_loader.dataset)
59.     ))
60.
61. if __name__ == '__main__':
62.     for epoch in range(1, EPOCHS + 1):
63.         train(model, DEVICE, train_loader, optimizer, epoch)
64.         test(model, DEVICE, test_loader)
65.     torch.save(model, './checkpoints/minist.pth')
```

代码分析：本段代码的主要作用为定义训练模型中的一些具体的操作，其中包含了对数据集的加载、优化器的选择、训练数据和测试数据的划分以及保存模型。其中第 11 行是对数据集进行加载。第 26 行表示初始化网络模型，并且将其加入 GPU 或者 CPU 中。第 27 行定义了使用优化器。第 33 行表示初始化优化器。第 36 行表示进行梯度回传。test()函数与 train()函数主要的不同在于前者使用 eval()函数阻止更新参数权重 eval()函数。save()函数表示对训练好的模型进行保存。

3）前向预测（predict.py）

```
1. import torch
2. import cv2
3. import torch.nn.functional as F
4. import numpy as np
5. import matplotlib.pyplot as plt
6.
7. if __name__ == '__main__':
8.     device = torch.device('cuda' if torch.cuda.is_available() else 'cpu')
9.     model = torch.load('./checkpoints/minist.pth',map_location = device)
10.    model = model.to(device)
11.    model.eval()
12.    img = cv2.imread('./test_image/4.png', 0)
13.    img = cv2.resize(img, (28, 28))
14.    plt.imshow(img,cmap = 'gray')
15.    plt.axis(False)
16.    plt.show()
17.    plt.close()
18.
19.    height,width = img.shape
```

```
20.     dst = np.zeros((height,width),np.uint8)
21.     for i in range(height):
22.         for j in range(width):
23.             dst[i,j] = 255 - img[i,j]
24.     img = dst
25.
26.     plt.imshow(img,cmap = 'gray')
27.     plt.axis(False)
28.     plt.show()
29.     plt.close()
30.
31.     img = np.array(img).astype(np.float32)
32.     img = np.expand_dims(img,0)
33.     img = np.expand_dims(img,0)
34.     img = torch.from_numpy(img)
35.     img =  img.to(device)
36.     output = model(img)
37.     prob  =  F.softmax(output, dim = 1)
38.     prob  =  prob.detach().cpu().numpy()
39.     pred  =  np.argmax(prob)
40. print("预测的结果为:",pred.item())
```

代码分析：本段代码的主要作用为定义预测的相关操作，包括对模型的加载、预测图片的处理、对图片预测和输出预测结果等。其中，第 11 行表示阻止参数权重更新，以及将模式调整为预测(测试)模式。第 36 行表示输入图片并对其进行预测，返回预测结果。因为数字手写体识别类似于多元分类问题，因此返回的结果为 10 个。第 37 行表示为 10 个结果中每个结果的概率，即 0～9 数字的概率。第 38 行表示将值的数据类型转换为 NumPy。第 39 行表示根据概率选出最大值，并且返回其所在的下标。测试模型的效果流程为，输入一张手写的如图 5-28(a)所示的图片，程序首先将其转换为分辨率为 28×28 的图片，如图 5-28(b)所示，之后将其送入模型进行预测，并输出预测结果。

【知识拓展】

多元分类(Multi-class Classification)表示分类任务中有多个类别，例如，对一堆水果图片分类，它们可能是橘子、苹果、梨等。多类分类是假设每个样本都被设置了一个且仅有一个标签：一个水果可以是苹果或者梨，但是不可能同时是两者。例如，本文所涉及的数字手写体识别即为多元分类，即一张图像只能是 0～9 数字中的一种情况。

6. 实验结果

最终的预测结果为 4，大家可以进行测试。

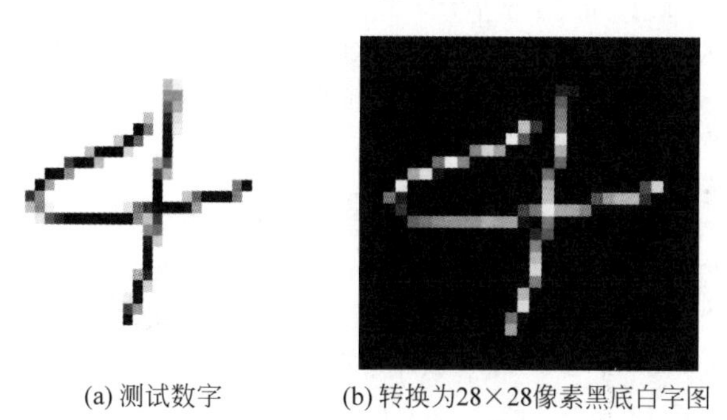

(a) 测试数字　(b) 转换为28×28像素黑底白字图

图 5-28　手写体识别测试

5.5　本章小结

本章包含 8 个实验项目，内容涵盖文本、图像、语音等领域，每个项目都附有完整的源代码和详细的讲解。通过这些实验项目，将理论和实践结合起来，帮助大家更好地学习、理解和应用人工智能技术。

参考文献

[1] 蔡自兴，徐光祐. 人工智能及其应用[M]. 北京：清华大学出版社，2010.

[2] 曹承志. 人工智能技术[M]. 北京：清华大学出版社，2010.

[3] 王万森. 人工智能[M]. 北京：人民邮电出版社，2011.

[4] 吴信东，邹燕. 专家系统技术[M]. 北京：电子工业出版社，1988.

[5] 黄可鸣. 专家系统导论[M]. 南京：东南大学出版社，1988.

[6] 蔡连成. 专家系统基础与实现[M]. 天津：天津大学出版社，1990.

[7] 张燕平，张铃. 机器学习理论与算法[M]. 北京：科学出版社，2012.

[8] ALPAYDIN E. 机器学习导论[M]. 范明，译. 3 版. 北京：机械工业出版社，2009.

[9] 王雪松，程玉虎. 机器学习理论、方法及应用[M]. 北京：科学出版社，2009.

[10] 刘鹏. 深度学习[M]. 北京：电子工业出版社，2018.

[11] 何希平，刘波. 深度学习理论与实践[M]. 北京：科学出版社，2017.

[12] 陈仲铭，彭凌西. 深度学习原理与实践[M]. 北京：人民邮电出版社，2018.

[13] 大西可奈子. AI 超入门[M]. 花超，译. 北京：机械工业出版社，2019.

[14] 姜春茂. 人工智能导论[M]. 北京：清华大学出版社，2021.

[15] 宗成庆. 统计自然语言处理[M]. 北京：清华大学出版社，2008.

[16] 梁南元. 书面汉语的自动分词与另一个自动分词系统 CDWS[J]. 中文信息学报，1987(02)：44-52.

[17] 黄昌宁，赵海. 中文分词十年回顾[J]. 中文信息学报，2007，21(3)：8-19.

[18] CHEN K J，LIU S H. Word Identification for Mandarin Chinese Sentences[C]. Proceedings of the 14th International Conference on Computational Linguistic，1992.

[19] XUE N W，CONVERSE S P. Combining Classifiers for Chinese Word Segmentation[C]. First SIGHAN Workshop Attached with the 19th COLING，Taipei，2002.

[20] XUE N W. Chinese Word Segmentation as Character Tagging[J]. Computational Linguistics and Chinese Language Processing，2003，8(1)：29-48.

[21] 张梅山，邓知龙. 统计与字典相结合的领域自适应中文分词[J]. 中文信息学报，2012，26(2)：8-13.

[22] 邓知龙. 基于感知器算法的高效中文分词与词性标注系统设计与实现[D]. 哈尔滨：哈尔滨工业大学，2013.

[23] STEVEN，EWAN B，EDWARD K，et al. Python 自然语言处理[M]. 张旭，崔杨，刘海平，译. 北京：人民邮电出版社，2014.

[24] 吴军. 数学之美[M]. 北京：人民邮电出版社，2014.

[25] 王昊奋，漆桂林，陈华钧. 知识图谱：方法、实践与应用[M]. 北京：电子工业出版社，2019.

[26] 章毓晋. 图像处理和分析教程[M]. 北京：人民邮电出版社，2020.

[27] 多田智史. 图解人工智能[M]. 张弥，译. 北京：人民邮电出版社，2021.

[28] 智 AI 兄弟. 图说人工智能[M]. 北京：北京理工大学出版社，2020.

[29] 刘鹏，曹骝，吴彩云，等. 人工智能从小白到大神[M]. 北京：中国水利水电出版社，2021.

[30] 佟喜峰，王梅. 图像处理与识别技术应用实践[M]. 哈尔滨：哈尔滨工业大学出版社，2019.

[31] 王万良. 人工智能通识教程[M]. 北京：清华大学出版社，2020.

[32] LONG J，SHELHAMER E，DARRELL T. Fully Convolutional Networks for Semantic Segmentation[J]. IEEE Transactions on Pattern Analysis and Machine Intelligence，2015，39(4)：640-651.

[33] BADRINARAYANAN V,KENDALL A,CIPOLLA R. SegNet: A Deep Convolutional Encoder-Decoder Architecture for Image Segmentation[J]. IEEE Transactions on Pattern Analysis & Machine Intelligence,2017: 1-1.

[34] CHEN L C,PAPANDREOU G,KOKKINOS I,et al. DeepLab: Semantic Image Segmentation with Deep Convolutional Nets,Atrous Convolution,and Fully Connected CRFs[J]. IEEE Transactions on Pattern Analysis and Machine Intelligence,2018,40(4): 834-848.

[35] 洪青阳. 语音识别原理与应用[M]. 北京: 电子工业出版社,2020.

[36] 陈果果. Kaldi 语音识别实战[M]. 北京: 电子工业出版社,2020.

[37] 葛世超. 实时语音处理实践指南[M]. 北京: 电子工业出版社,2020.

[38] 荒木雅弘. 图解语音识别[M]. 北京: 人民邮电出版社,2020.

[39] 程佩青. 数字信号处理教程[M]. 北京: 清华大学出版社,2020.

[40] 张光华,贾庸,李岩. 人工智能极简编程入门[M]. 北京: 机械工业出版社,2019.

[41] 俞士汶. 计算语言学概论[M]. 北京: 商务印书馆,2003.

附录

课后“动动脑”参考答案

第1章 “动动脑”答案

1. C

2. B

3. 没有统一的答案,以下供参考。

(1) 金融领域:检测信用卡欺诈、证券市场分析等。

(2) 互联网领域:自然语言处理、语音识别、语言翻译、搜索引擎、广告推广、邮件的反垃圾过滤系统等。

(3) 医学领域:医学诊断等。

(4) 自动化及机器人领域:无人驾驶、图像处理、信号处理等。

(5) 生物领域:人体基因序列分析、蛋白质结构预测、DNA序列测序等。

(6) 游戏领域:游戏战略规划等。

(7) 新闻领域:新闻推荐系统等。

(8) 刑侦领域:潜在犯罪预测等。

4. 没有统一的答案,以下供参考。

(1) 解释:肺部测试。

(2) 预测:预测可能由黑蛾造成的玉米损失。

（3）诊断：诊断血液中的细菌感染。

（4）故障排除：电话故障排除。

（5）除错：检查学生减法运算错误的原因。

（6）修理：修理原油储油槽。

（7）教学：教导使用者学习操作系统。

（8）分析：分析油井储量。

（9）校准：校准武器如何工作等。

5. 没有统一的答案，以下供参考。

深度学习是学习样本数据的内在规律和表示层次，这些学习过程中获得的信息对诸如文字、图像和声音等数据的解释有很大的帮助。它的最终目标是让机器能够像人一样具有分析学习能力，能够识别文字、图像和声音等数据。

第 2 章　“动动脑”答案

1. 没有统一的答案，以下供参考。

自然语言就是人类日常相互沟通所使用的语言，我们说的话、写的字都是自然语言，可以用中文、英文、日文、德文等各种语言形式记录。编程语言是用来定义计算机程序的形式语言。它是一种被标准化的交流技巧，用来向计算机发出指令，告诉计算机做什么，编写程序的关键在于需要用计算机可以理解的语言来提供这些指令。

2. 没有统一的答案，以下供参考。

尝试让机器和人类用自然语言进行交互的研究都属于自然语言处理研究的范畴，如机器翻译、信息检索、信息抽取、文本分类、情感分析、推荐系统、问答系统、知识工程等。

3. 没有统一的答案，以下供参考。

汉语分词主要有以下困难。

（1）切分歧义：汉语文本中含有许多歧义切分字段，典型的歧义有交集型歧义和组合型歧义。只有向分词系统提供进一步的语法、语义知识才有可能做出正确的决策。

（2）未登录词识别：未登录词即未包括在分词词表中的词，包括各类专有名词（人名、地名、企业字号、商标号等）和术语、缩略词、新词等。

4. 没有统一的答案，以下供参考。

文本表示的方法包括：离散表示、分布式表示。离散表示方法如词袋模型，即将所有词语装进一个袋子里，不考虑其词法和语序的问题，即每个词语都是独立的；分布式表示如词向量模型，它是考虑词语位置关系的一种模型。通过大量语料的训练，将每个词语映射到高维度的向量当中，通过求余弦的方式来判断两个词语之间的关系。

5. 没有统一的答案，以下供参考。

词袋模型是最基础的文本表示模型，假定对于一个文档，忽略它的单词顺序和语法、句法等要素，将其仅仅看作若干词汇的集合，文档中每个单词的出现都是独立的，不依赖于其他单词是否出现。优点是计算简单快捷，易于理解；缺点是假设了文本中词与词之间相互独立，所以在部分情况下可能会导致句义表达不准确。

6. B

7. ABCD

8. 没有统一的答案，以下供参考。

知识图谱的核心就是三元组：实体(Entity)、属性(Attribute)、关系(Relation)，三元组的基本表现形式是“实体1-关系-实体2”和“实体-属性-属性值”，表示实体1跟实体2之间有某种关系，或者实体在某个属性上的取值多少。

第3章 “动动脑”答案

1. 只需要在4×4像素图的周围填充一圈0，及将原图像变为6×6像素，之后在对其进行卷积时，就不会变成2×2像素了。

2. 椒盐噪声是复制近似相等但随机分布在不同的位置上，图像中有干净点也有污染点。中值滤波是选择适当的点来代替污染点的值，所以处理效果好。因为噪声的均值不为0，所以均值滤波不能很好地去除噪声。

3. 卷积神经网络通常是由三种层构成：卷积层、汇聚层(除非特别说明，一般就是最大值汇聚)和全连接层(简称FC)。ReLU激活函数也应该算是一层，它逐元素地进行激活函数操作，常常将它与卷积层看作同一层。

4. 显卡的处理器称为图形处理器(GPU)，它是显卡的“心脏”，与CPU类似，只不过GPU是专门执行复杂的数学和几何计算而设计的，适用于深度学习任务。某些快速的GPU集成的晶体管数甚至超过普通CPU。GPU比CPU拥有更多的计算单元，比 CPU 的能力更强。在深度学习模型训练过程中,可以将任务拆分到各个计算单元,以加速深度学习的训练。因此有一个好的性能的 GPU,人们就可以快速地训练深度学习网络。

5. D

6. B

7. D

8. B

9. C

10. A

11. C

12. D

13. B

14. D

第 4 章 “动动脑”答案

1. 没有统一的答案,以下供参考。

语音识别的目标是将人类的语音中的词汇内容转换为计算机可读的输入,如按键、二进制编码或者字符序列。计算机自动语音识别的任务就是让机器通过识别和理解过程把语音信号转换为相应的文本或命令的高技术。

2. 采集阶段:采样、量化、编码。

预处理:预加重、分帧、加窗。

特征提取、建立模型。

3. 语音帧→状态→音节→词。

4. 汉宁窗、矩形窗、汉明窗。

5. 矢量量化技术、隐马尔可夫模型、人工神经网络技术、深度学习技术。

6. C。